AutoCAD 2016 从入门到精通

文杰书院 策划　　刘秀彬 编著

人民邮电出版社

北京

图书在版编目（CIP）数据

AutoCAD 2016从入门到精通 / 刘秀彬编著. -- 北京：
人民邮电出版社，2018.4
ISBN 978-7-115-47008-9

Ⅰ．①A… Ⅱ．①刘… Ⅲ．①AutoCAD软件 Ⅳ．
①TP391.72

中国版本图书馆CIP数据核字(2017)第262326号

内 容 提 要

本书以通俗易懂的语言、精挑细选的实用技巧、翔实生动的操作案例，全面介绍了 AutoCAD 2016 的相关知识和操作方法。

全书共 12 章。第 1～2 章主要介绍 AutoCAD 2016 的基础知识，包括基本操作、坐标系及绘图环境等；第 3～5 章主要介绍二维绘图知识，包括简单二维图形的绘制、编辑及高级设置等；第 6～8 章主要介绍 AutoCAD 2016 中各种工具的使用方法，包括文字、表格、尺寸标注、图块及图案填充等；第 9～11 章主要介绍三维绘图知识，包括三维图形的绘制、编辑、显示与渲染等；第 12 章通过建筑、家具、电子与电气及机械设计实战案例，向读者介绍本书知识的综合运用方法。

本书不仅适合 AutoCAD 2016 的初、中级用户学习使用，也可以作为各类电脑辅助设计培训班学员的教材或辅导用书。

◆ 策　　划　文杰书院

　 编　　著　刘秀彬

　 责任编辑　张　翼

　 责任印制　马振武

◆ 人民邮电出版社出版发行　北京市丰台区成寿寺路 11 号
　 邮编　100164　电子邮件　315@ptpress.com.cn
　 网址　http://www.ptpress.com.cn
　 北京隆昌伟业印刷有限公司印刷

◆ 开本：700×1000　1/16

　 印张：18.25

　 字数：368 千字　　　　　　　2018 年 4 月第 1 版

　 印数：1—3 000 册　　　　　　2018 年 4 月北京第 1 次印刷

定价：49.80 元

读者服务热线：(010)81055410　印装质量热线：(010)81055316
反盗版热线：(010)81055315
广告经营许可证：京东工商广登字20170147号

Preface

前言

为了帮助 AutoCAD 初学者快速地掌握 AutoCAD 2016 中文版的使用方法，以便在日常的学习和工作中学以致用，我们编写了《AutoCAD 2016 从入门到精通》一书。

本书内容

本书在编写过程中根据 AutoCAD 初学者的学习习惯，采用由浅入深、由易到难的方式讲解。同时配备同步视频教程和大量相关学习资料，供读者学习。全书结构清晰，内容丰富，主要包括以下 5 个方面的内容。

（1）AutoCAD 2016 的基本操作

本书第 1 章~第 2 章，介绍了 AutoCAD 2016 中文版的基础知识，包括 AutoCAD 2016 中文版基本操作、坐标系与绘图环境等。

（2）二维图形的编辑与设置

本书第 3 章~第 5 章，介绍了二维图形方面的内容，包括绘制二维图形、编辑二维图形对象，以及二维图形对象的高级设置等。

（3）AutoCAD 2016 高级工具的应用

本书第 6 章~第 8 章，介绍了 AutoCAD 2016 高级工具的应用，包括文字与表格工具、图形尺寸标注，以及图块与图案填充等。

（4）三维图形的创建与编辑

本书第 9 章~第 11 章，介绍了三维图形方面的知识，包括绘制三维图形、编辑三维图形，以及三维图形的显示与渲染等。

（5）实战案例设计与应用

本书第 12 章，综合本书内容，介绍了建筑、家具、电子与电气及机械案例的设计实战方法。

二维码视频教程学习方法

为了方便读者学习，本书以二维码的方式提供了大量视频教程。读者使用手机上的微信、QQ 等软件的"扫一扫"功能扫描二维码，即可通过手机观看视频教程。

⦿ 扩展学习资源下载方法

除同步视频教程外，本书还额外赠送了 4 部相关学习内容的视频教程。读者可以使用微信扫描封面二维码，关注"文杰书院"公众号，发送"47008"，将获得资源下载链接和提取码。将下载链接复制到任何浏览器中并访问下载页面，即可通过提取码下载本书的扩展学习资源。

读者还可以访问文杰书院的官方网站（http://www.itbook.net.cn）获得更多学习资源。

? 答疑解惑

如果读者在使用本书时遇到问题，可以加入答疑 QQ 群 128780298 或 185118229，也可以发送邮件至 itmingjian@163.com 进行交流和沟通，我们将竭诚为您答疑解惑。

👥 创作团队

本书由文杰书院组织编写，参与本书编写工作的有李军、袁帅、文雪、肖微微、李强、高桂华、蔺丹、张艳玲、李统财、安国英、贾亚军、蔺影、李伟、冯臣、宋艳辉等。

我们真切希望读者在阅读本书之后，可以开拓视野，增长实践操作技能，并从中学习与总结操作的经验和规律，达到灵活运用的水平。鉴于编者水平有限，书中纰漏和考虑不周之处在所难免，热忱欢迎读者予以批评、指正，以便我们日后能为您编写更好的图书。

编者

2018 年 1 月

Contents

目录

第 6 章 文字与表格工具

本章视频教学时间 / 9 分 53 秒

第 7 章 图形尺寸标注

本章视频教学时间 / 17 分 08 秒

第8章 图块与图案填充

本章视频教学时间 / 15分10秒 📹

第9章 绘制三维图形

本章视频教学时间 / 19 分 48 秒

第 10 章 编辑三维图形

本章视频教学时间 / 12 分 05 秒

扩展学习资源

（下载方法请见前言"扩展学习资源下载方法"）

赠送资源 1　《SolidWorks辅助设计基础》视频教程

赠送资源 2　《UG NX辅助设计基础》视频教程

赠送资源 3　《Photoshop图像处理基础》视频教程

赠送资源 4　《3ds Max 三维建模基础》视频教程

第1章

AutoCAD 2016 快速入门

本章视频教学时间 / 15 分 45 秒

🎧 重点导读

本章主要介绍了什么是 AutoCAD 2016、AutoCAD 2016 的工作空间和工作界面的组成等方面的知识，同时通过几个实战案例，讲解了图形文件的基本操作、命令操作以及视图操作方面的知识与操作技巧。通过本章的学习，读者可以掌握 AutoCAD 2016 中文版快速入门方面的知识，为深入学习 AutoCAD 2016 奠定基础。

📖 本章主要知识点

- ✓ 什么是 AutoCAD 2016
- ✓ AutoCAD 2016 的工作空间
- ✓ 工作界面组成
- ✓ 实战案例——图形文件的基本操作
- ✓ 实战案例——命令操作
- ✓ 实战案例——视图操作

1.1 了解 AutoCAD 2016

本节学习时间 / 2分06秒

AutoCAD 2016 是欧特克（Autodesk）公司发布的一款计算机辅助设计软件，相较于旧的版本，该版本增强了 PDF 输出、尺寸标注与文字编辑等功能，并且大幅度地改善了绘图环境，使用户可以以更快的速度、更高的准确性，来绘制出具有丰富视觉效果的设计图和文档。

1.1.1 AutoCAD 2016 的行业应用

AutoCAD 软件在土木建筑、装饰装潢、工业制图、电子工业、服装加工等领域得到越来越广泛的应用，而建筑行业和机械行业是使用该软件比较多的行业。下面主要介绍 AutoCAD 2016 软件在建筑行业和机械行业中的应用。

1. 建筑行业

AutoCAD 2016 技术在建筑领域中应用的特点是：精确、快速和效率高。在从事建筑设计工作时，最基本的要求便是要掌握 AutoCAD 2016 的使用。在使用 AutoCAD 2016 绘制建筑设计图时需要严格按照国家标准，精确地绘制出建筑框架图、房屋装修图等，如下图所示。

2. 机械行业

由于 AutoCAD 2016 具有精确绘图的特点，所以能够绘制各种机械图，如螺丝、扳手、钳子、打磨机和齿轮等，使用 AutoCAD 2016 绘制机械图时需要严格按照国家标准，如下图所示。

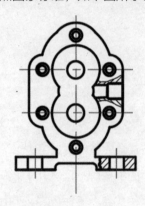

1.1.2 快速掌握 AutoCAD 2016 的要领

在 AutoCAD 2016 中，包含了多项可加速 2D 与 3D 设计、创建文件和协同工作流程的新特性，如果用户想灵活地操作该软件，就需要快速地了解 AutoCAD 2016 的各项功能。下面介绍如何快速掌握 AutoCAD 2016 的要领。

1. 掌握基本的操作方法

在使用 AutoCAD 2016 绘图软件之前，首先要熟悉软件的操作界面，包括熟悉菜单栏、工具栏、状态栏、工作区等常用操作区域。熟悉操作界面后，可以对各种功能的设置进行了解，如绘图工具、线型、图层、标注形式、输出打印等。多操作练习，循序渐进，便可以掌握 AutoCAD 2016 基本的操作方法。

2. 熟记常用的命令

在 AutoCAD 2016 中，熟记常用的命令可以提高操作软件的速度，也可以在功能菜单栏中查找常用的命令选项，总之，将键盘与鼠标操作结合使用，可以快速提高绘图速度，从而为深入学习 AutoCAD 奠定良好的基础。

3. 灵活运用功能键

除了输入命令、调用工具栏和菜单来完成某些命令外，还可以灵活运用软件中的功能键。如【F1】（打开帮助对话框）、【F2】（显示或隐藏文本窗口）、【F3】（调用对象捕捉设置对话框）、【F4】（标准数字化仪开关）、【F5】（不同向的轴侧图之间的转换开关）、【F6】（坐标显示模式转换开关）、【F7】（栅格模式转换开关）、【F8】（正交模式转换开关）、【F9】（间隔捕捉模式转换开关）键等，使用这些功能键可快速

实现各功能之间的转换。

4. 操作技巧的妙用

在绘制图形的过程中，如果要达到事半功倍的效果，可以使用一些操作技巧。下面介绍 AutoCAD 2016 中几个常用的操作技巧。

✍ 使用【Esc】键退出命令：当输入错误或需要退出操作时，可以在键盘上按下【Esc】键中断或退出命令，然后重新输入或进行下一步操作。

✍ 使用【空格】键或【Enter】键：在使用绘图工具（如圆、直线等）绘制图形时，在键盘上按下【空格】键或【Enter】键，可以确定或者重复上次的操作，大大提高绘图速度。

✍ 使用捕捉命令：开启捕捉命令，可以快速捕捉图形上的点，精确绘图。

✍ 使用【Save】命令：在绘制图形时，为了防止突然断电或系统软件崩溃，避免数据丢失，应及时按【Ctrl+S】组合键保存文件。

✍ 【U】命令的使用：使用该命令，可以撤消最近一次的错误操作。

📢 **提示**

在使用AutoCAD 2016遇到困难时，可以在键盘上按下【F1】功能键，打开帮助功能界面，然后通过查看视频或参阅基础知识手册等来解决遇到的难题。

1.2 AutoCAD 2016 的工作空间

本节学习时间 / 2分41秒

在 AutoCAD 2016 中，绘制二维图形和三维图形时，需要在各自的空间才能完成。一般情况下，AutoCAD 2016 中的工作空间分为【草图与注释】空间、【三维基础】空间和【三维建模】空间。本节将重点介绍 AutoCAD 2016 的工作空间方面的知识。

1.2.1 选择与切换工作空间

在 AutoCAD 2016 中，因绘制二维和三维图形的需要，可以在 3 种工作空间中选择要使用的空间，也可以在各空间之间进行自由切换。下面介绍切换工作空间的相关操作。

1 选择工作空间

新建 AutoCAD 空白文档，在【快速访问】工具栏中，单击【工作空间】下拉按钮▼，在弹出的下拉菜单中，选择要使用的工作空间，如图所示。

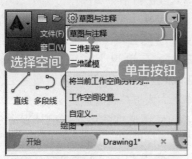

2 切换工作空间

在软件的操作界面下方的状态栏中，单击【切换工作空间】按钮 ✿ ▼，在弹出的下拉菜单中，选择要使用的工作空间，即可完成切换工作空间的操作，如图所示。

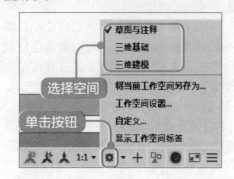

1.2.2 经典空间

在 AutoCAD 2016 中，默认情况下是没有经典空间模式的，如果需要使用该模式，可以通过【自定义】选项来调用，下面介绍相关的操作方法。

1 自定义空间

在 AutoCAD 2016 操作界面下方的状态栏中，单击【切换工作空间】按钮 ✿ ▼，在弹出的下拉菜单中，选择【自定义】选项，如图所示。

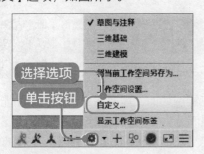

2 弹出【自定义用户界面】对话框

弹出【自定义用户界面】对话框，选择【传输】选项卡，单击【打开自定义文件】按钮📂，如图所示。

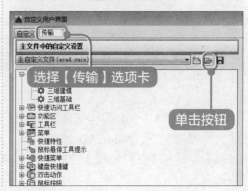

3 弹出【打开】对话框

在弹出的【打开】对话框中，选择【acad.CUIX】文件，单击【打开】按钮 打开(O)，如图所示。

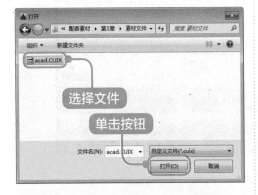

4 返回【自定义用户界面】对话框

返回【自定义用户界面】对话框，单击【AutoCAD 经典】选项，并将其拖曳至右侧窗口的【工作空间】选项下，如图所示。

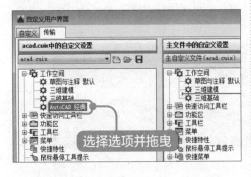

5 单击【确定】按钮

保持【AutoCAD 经典】选项为选中状态，单击【应用】按钮 应用(A)，然后

单击【确定】按钮 确定(O)，如图所示。

6 选择经典空间

返回操作界面，在【状态栏】中，单击【切换工作空间】按钮 ⚙ ▾，在弹出的下拉菜单中，选择【AutoCAD 经典】选项，如图所示。

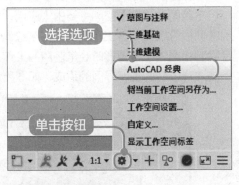

7 显示经典空间效果

这时工作空间将切换为经典模式，通过以上步骤即可完成调用经典空间的操作，如图所示。

1.2.3 草图与注释空间

　　【草图与注释】工作空间是 AutoCAD 2016 默认的工作空间，没有【工具栏】选项板，而是多了一个【功能区选项板】。这样，就把绘图、修改、注释等命令都集中到了界面的功能区，方便了命令的寻找和执行。

　　【草图与注释】空间主要由【应用程序】按钮▲、命令行、状态栏、选项卡和功能区面板等组成。该工作空间包括了绘制二维图形常用的绘制、修改和标注命令等，是绘制和编辑二维图形时经常使用的工作空间。下面介绍在 AutoCAD 2016 中，【草图与注释】空间工作界面的组成，如图所示。

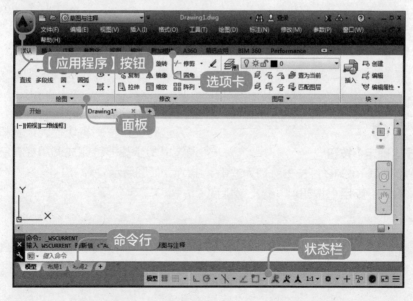

1.2.4 三维基础空间

【三维基础】空间主要由【应用程序】按钮 、命令行、状态栏、选项卡和功能区面板等组成，其中在选项卡和功能区面板中，包括了绘制与修改三维图形的基本工具，可以非常方便地创建简单的基本三维模型。下面介绍在 AutoCAD 2016 中，【三维基础】空间的工作界面组成，如图所示。

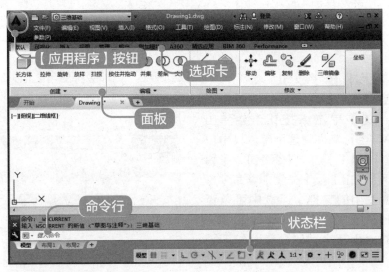

1.2.5 三维建模空间

【三维建模】空间集中了三维图形绘制与修改的全部命令，同时也包含了常用二维图形的绘制与编辑命令，AutoCAD 2016 的三维建模空间界面包括【应用程序】按钮 、命令行、状态栏、选项卡和功能区面板等，如图所示。

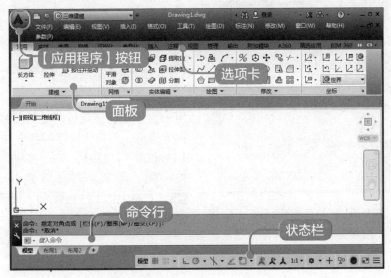

1.3 工作界面组成

本节学习时间 / 3 分 33 秒

熟悉 AutoCAD 2016 的工作界面，可以方便、有效地绘制图形。AutoCAD 2016 的工作界面包括【应用程序】按钮、标题栏、【快速访问】工具栏、菜单栏、功能区、工具栏和绘图区等。本节将重点介绍 AutoCAD 2016 工作界面组成方面的知识。

1.3.1 【应用程序】按钮

【应用程序】按钮位于工作界面的左上方，单击该按钮，会弹出 AutoCAD 图形文件管理菜单，其中包括【新建】、【打开】、【保存】、【另存为】、【输出】及【关闭】等命令，在【最近使用的文档】区域中可以查看最近打开的文件，同时还能调整文档图标的大小及排列的顺序，如下图所示。

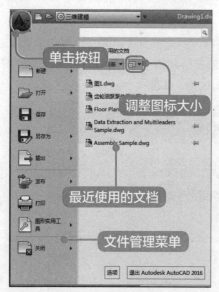

在【应用程序】菜单中还有一个搜索功能，在搜索文本框中输入命令名称，

如"line"，即会弹出与之相关的命令列表，选择对应的命令即可直接操作，如下图所示。

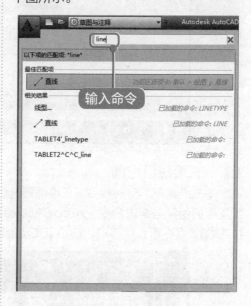

1.3.2 标题栏

标题栏位于应用程序窗口的最上方，用于显示当前正在运行的程序和文件名称等信息，包括【应用程序】按钮、【快速访问】工具栏、软件名称、【搜索】按钮、用户登录器、【最小化】按钮、【最大化】按钮和【关闭】按钮，如图所示。

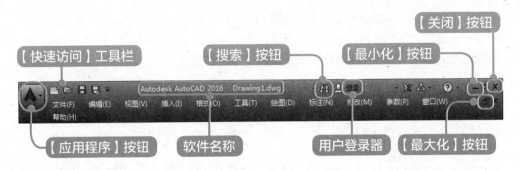

1.3.3 【快速访问】工具栏

【快速访问】工具栏位于标题栏的左上角，包含了【新建】、【打开】、【保存】、【另存为】、【打印】和【放弃】等常用的快捷按钮。通过【自定义快速访问工具栏】按钮，可以显示或隐藏常用的快捷按钮，如图所示。

1.3.4 菜单栏

在 AutoCAD 2016 中文版中，其菜单栏包括【文件】、【编辑】、【视图】、【插入】、【格式】、【工具】、【绘图】、【标注】、【修改】、【参数】、【窗口】和【帮助】等菜单，通过使用这些主菜单，用户可以方便地查找并使用相应的功能，如图所示。

> 📢 提示
>
> 在AutoCAD 2016中，默认情况下菜单栏不显示在初始界面中，并且在3种工作空间都不显示，可以单击【快速访问】工具栏右侧的【自定义快速访问工具栏】按钮，在弹出的下拉菜单中，选择【显示菜单栏】选项来显示菜单栏。

1.3.5 功能区

一般来说，AutoCAD 2016 的功能区相当于传统版本中的菜单栏和工具栏，由很多的选项卡组成。它是将 AutoCAD 常用的命令进行分类，分别在【草图与注释】、【三维基础】和【三维建模】工作空间中出现并被使用。下面以【草图与注释】工作空间为例，来介绍功能区的组成。

【草图与注释】工作空间包括【默认】、【插入】、【注释】、【参数化】、【视图】、【管理】、【输出】、【附加模块】、【A360】、【精选应用】等选项卡，选项卡中又包含多个面板，面板中放置了若干个按钮。为了节省时间、提高工作效率，AutoCAD 2016 默认显示当前操作的选项卡，如图所示。

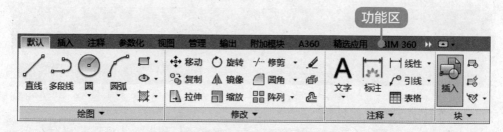

1.3.6 工具栏

在 AutoCAD 2016 中文版中，工具栏中包含了多种绘图辅助工具，在菜单栏中，选择【工具】➤【工具栏】➤【AutoCAD】菜单项，单击该菜单下的各子菜单命令，即可调出相应的工具栏，如图所示。

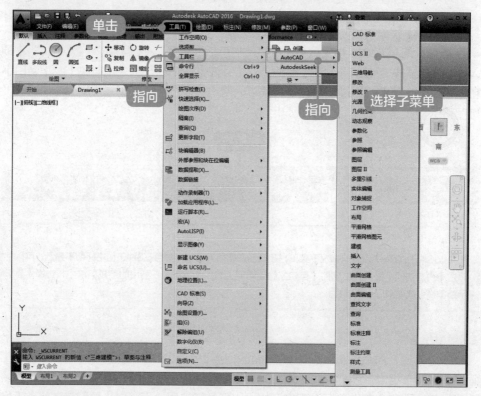

1.3.7 绘图区

绘图区是绘制和编辑二维或三维图形的主要区域，由坐标系图标、视口控件、视图控件、视觉样式控件、ViewCube 和导航栏组成，是一个无限大的图形窗口，使用时可以通过【缩放】、【平移】等命令查看绘制的对象，如图所示。

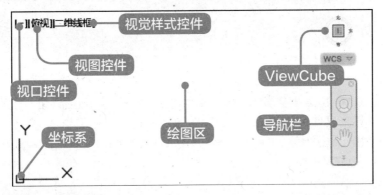

1.3.8 命令窗口与文本窗口

在 AutoCAD 2016 中，命令窗口通常固定在绘图窗口的底部，用于提示信息和输入命令，命令窗口由命令行和命令历史区组成，如下图所示。

文本窗口则用于记录对文档进行的所有操作，文本窗口在 AutoCAD 2016

中默认不显示，可以直接在键盘上按快捷键【F2】来调用文本窗口，如下图所示。

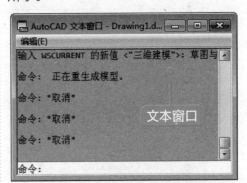

1.3.9 状态栏

状态栏位于工作界面的底部，主要用于显示 AutoCAD 的工作状态，由快速查看工具、坐标值、绘图辅助工具、注释工具和工作空间工具等组成，如图所示。

1.4 实战案例——图形文件的基本操作

本节学习时间 / 2分24秒

在 AutoCAD 2016 中文版中，图形文件的基本操作一般包括新建、打开、保存、关闭和输出图形文件等。AutoCAD 图件文件管理的操作方法与 Windows 其他软件文件管理的操作方法基本相同。本节将介绍 AutoCAD 2016 中文版图形文件基本操作方面的知识与操作技巧。

1.4.1 新建图形文件

在启动 AutoCAD 2016 中文版时，系统将默认创建一个以"acadiso.dwt"为样板的文件。如果需要一个全新的文件，可以手动新建图形文件。下面介绍新建空白图形文件的操作方法。

1 单击【新建】按钮

启动 AutoCAD 2016 中文版，在【草图与注释】空间中，在软件上方的【快速访问】工具栏中，单击【新建】按钮，如图所示。

2 弹出【选择样板】对话框

弹出【选择样板】对话框，在【名称】区域中，选择要应用的图形样板文件，单击【打开】按钮 ，如图所示。

3 完成新建文件的操作

这时可以看到创建了一个名为【Drawing1*】的文件，通过以上步骤即可完成新建图形文件的操作，如图所示。

> **提示**
>
> 在AutoCAD 2016中，在键盘上按下【Ctrl+N】组合键，或者单击【应用程序】按钮 ，在弹出的下拉菜单中选择【新建】菜单项，都可以新建图形文件，也可以在菜单栏中选择【文件】➢【新建】菜单项来创建图形文件。

1.4.2 打开图形文件

在 AutoCAD 2016 中，当要查看或编辑已经保存的图形文件时，需要将文件重新打开，下面介绍打开图形文件的操作方法。

1 单击【新建】按钮

启动 AutoCAD 2016 中文版，在【草图与注释】空间中，在软件上方的【快速访问】工具栏中，单击【打开】按钮📂，如图所示。

2 弹出【选择文件】对话框

弹出【选择文件】对话框，在【名称】区域中，选择要打开的图形文件，单击【打开】按钮 打开(O)，即可完成打开图形文件的操作，如图所示。

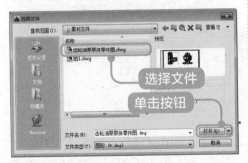

1.4.3 保存图形文件

对于新绘制的或修改过的图形文件，要及时保存到电脑中，以免因为死机、断电等意外情况而丢失，保存图形的方法可分为直接保存与另存为两种。下面介绍 AutoCAD 2016 中文版保存图形文件的操作方法。

1. 直接保存

对于第一次创建的文件，或者是已经存在但被修改过的文件，使用的是直接保存方式。下面以保存新建文件为例，介绍直接保存文件的操作方法。

1 单击【保存】按钮

启动 AutoCAD 2016 中文版，并新建空白文档，在【草图与注释】空间中，在【快速访问】工具栏中，单击【保存】按钮💾，如图所示。

2 弹出【图形另存为】对话框

弹出【图形另存为】对话框，在【文件名】文本框中，设置要保存的文件名称，单击【保存】按钮 保存(S)，即可完成保存图形文件的操作，如图所示。

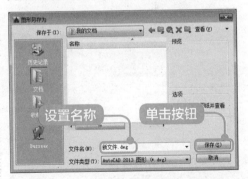

> 📢 提示
>
> 可以在键盘上按下【Ctrl+S】组合键，或者在菜单栏中，选择【文件】➤【保存】菜单项，来直接保存文件。

2. 另存为

在 AutoCAD 2016 中还有另一种保存文件的方式，名为"另存为"，这种保存方式不会覆盖原文件，可以单独保存，原文件将继续保留。下面介绍文件另存为的操作方法。

1 单击【另存为】按钮

启动 AutoCAD 2016 中文版，并打开一个保存过的文档，在【草图与注释】空间中，在【快速访问】工具栏中，单击【另存为】按钮，如图所示。

2 弹出【图形另存为】对话框

弹出【图形另存为】对话框，在【文件名】文本框中，设置要另存为的文件名称，单击【保存】按钮 保存(S)，即可完成图形文件另存为的操作，如图所示。

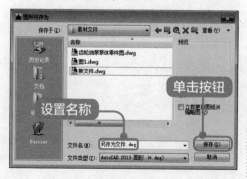

1.4.4 关闭图形文件

在 AutoCAD 2016 中，将绘制好的图形文件保存后，可以将图形窗口关闭。对于修改图形后没有保存的文件，系统将弹出【AutoCAD】对话框，询问是否将改动保存到该文件。下面以关闭未保存的文件为例，介绍关闭图形文件的操作。

1 单击【关闭】按钮

在 AutoCAD 2016 中，打开一个文件并进行修改，在【草图与注释】空间中，单击文件名称右侧的【关闭】按钮，如图所示。

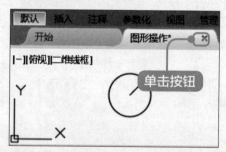

2 弹出【AutoCAD】对话框

弹出【AutoCAD】对话框，单击【是】按钮 是(Y)，文件执行保存并关闭操作，单击【否】按钮 否(N)，文件执行不保存并关闭操作，单击【取消】按钮 取消，撤消关闭操作，这样即可完成关闭图形文件的操作，如图所示。

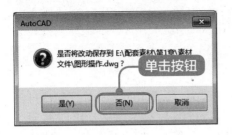

提示

对已修改且已经保存过的图形文件执行关闭操作时，可以在【快速访问】工具栏上单击【关闭】按钮，或者在菜单栏中选择【文件】➤【关闭】菜单项，直接将图形文件关闭。

1.4.5 输出图形文件

利用 AutoCAD 2016 中的输出图形文件功能，可以将 AutoCAD 文件转换成其他格式的文件进行保存，方便在其他软件中使用。下面以输出 PDF 文件为例，介绍输出图形文件的操作方法。

1 单击【应用程序】按钮

在 AutoCAD 2016 中，打开要输出的图形文件，在【草图与注释】空间中，在【快速访问】工具栏中，单击【应用程序】按钮，如图所示。

2 选择【输出】菜单项

在弹出的下拉菜单中，选择【输出】菜单项，在弹出的子菜单中，选择【PDF】菜单项，如图所示。

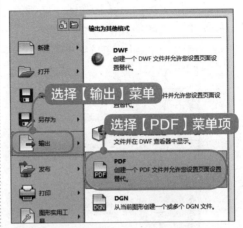

3 弹出【另存为 PDF】对话框

弹出【另存为 PDF】对话框，在【保存于】下拉列表框中，选择输出文件的保存位置，在【文件名】文本框中，设置要输出文件的名称，单击【保存】按钮，即可完成输出图形文件的操作，如图所示。

图形文件的基本操作除了新建、打开、保存、关闭和输出外，还包括打印图形文件和发布图形文件操作，单击【应用程序】按钮，在弹出的文件管理菜单中，选择【发布】或【打印】菜单下的子菜单项，即可进行相应的操作，如下图所示。

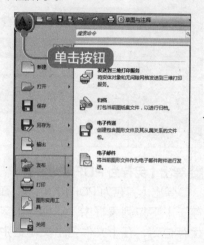

1.5 实战案例——命令操作

本节学习时间 / 2 分 01 秒

在 AutoCAD 2016 中，绘制图形之前需要先掌握如何调用命令，以及一些基本的命令操作，如放弃命令、重做命令、退出命令及重复调用命令等。本节将详细介绍命令操作方面的知识与操作技巧。

1.5.1 调用 AutoCAD 命令的方法

命令是 AutoCAD 绘图和编辑图形的核心，在 AutoCAD 2016 中文版中，输入或调用命令的方式主要有菜单栏、功能区面板、快捷菜单、命令行和快捷键等调用方式，下面分别予以介绍。

1. 命令行调用

在命令行中输入命令全称或简写名称后，按下【Enter】键或【空格】键即可调用相应的命令，如图所示。

2. 菜单栏调用

菜单栏调用命令的方式，其操作方法与 Windows 系统中的 Word 相似，通常在【视图】菜单、【格式】菜单、【工具】菜单、【绘图】菜单、【标注】菜单和【修改】菜单中包含了大多数绘制和编辑图形的命令。

3. 功能区面板调用

在功能区面板中单击相应的命令按钮，即可执行相应的命令，如下图所示。

4. 快捷菜单调用

AutoCAD 2016 中文版中的部分命令，还可以在右键菜单中快速调用，如【选项】、【快速选择】等命令，如下图所示。

> **提示**
> 在 AutoCAD 2016 调用命令的方式中，功能区面板、命令行及快捷键是使用较多的输入或调用命令的方式。

1.5.2 放弃命令

在绘制图形的过程中，当需要撤消当前操作，返回到上一个操作时，可以使用放弃命令来实现该操作。下面介绍在 AutoCAD 2016 中文版的【快速访问】工具栏中，使用放弃命令的操作方法。

1 单击【放弃】按钮

在【快速访问】工具栏中，单击【放弃】按钮 ⟲ ，如图所示。

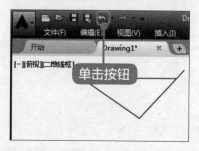

2 完成放弃命令操作

此时可以看到系统返回到上一步的操作，这样即可完成调用放弃命令的操作，如图所示。

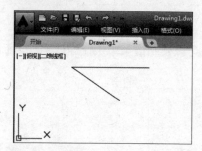

1.5.3 重做命令

在 AutoCAD 2016 中文版中，绘制图形时，如果误将完成的操作撤消了，这时可以使用重做命令来返回到撤消前的操作。下面介绍在【快速访问】工具栏中，使用重做命令的操作方法。

1 单击【重做】按钮

在【快速访问】工具栏中，单击【重做】按钮 ⟳ ，如图所示。

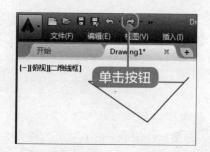

2 完成重做命令操作

此时可以看到系统返回到撤消前的操作，这样即可完成调用重做命令的操作，如图所示。

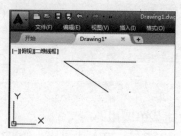

> **📢提示**
>
> 可以在菜单栏中，选择【编辑】➢【重做】菜单项，或者在命令行中输入【REDO】命令，然后按下【Enter】键，来调用重做命令以返回到上一操作，另外，还可以使用组合键【Ctrl+Y】来执行重做命令。

1.5.4 退出命令

在 AutoCAD 2016 中文版中，退出命令是用来退出当前使用的命令。当需要退出某一命令时，可以在键盘上直接按下【Esc】快捷键，退出当前命令。另外，有些命令（如直线、多段线等）可以在绘图区空白处右击，在弹出的快捷菜单中选择【确认】菜单项来退出命令，如图所示。

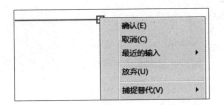

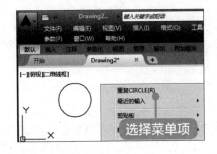

1.5.5 重复调用命令

当需要连续绘制同一图形时，可以在首次使用该命令后，使用重复调用命令再次使用该命令。通过命令行和快捷菜单都可以调用重复命令。下面以调用圆命令为例，介绍在 AutoCAD 2016 中使用快捷菜单重复调用命令的操作方法。

1 选择重复调用命令

新建 AutoCAD 空白文档，在【草图与注释】空间中，在绘图区中绘制圆形，在空白处单击鼠标右键，在弹出的快捷菜单中，选择【重复 CIRCLE】菜单项，如图所示。

2 完成重复调用命令

鼠标指针变为实心十字形状，圆命令已经被调用，通过以上方法即可完成使用重复调用命令的操作，如图所示。

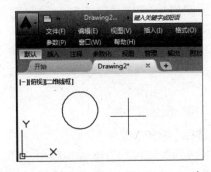

📢 提示

按下键盘上的【Enter】键或【空格】键，也可以重复调用某一命令。

举一反三

在 AutoCAD 2016 中，通过对矩形、圆、椭圆和多边形等命令的重复调用，可以绘制出很多建筑和机械图形，如图所示。

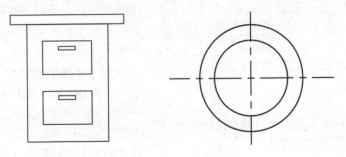

1.6 实战案例——视图操作

本节学习时间 / 3 分

在 AutoCAD 2016 中文版中，为了更方便地观察图形细节并更好地绘制图形，可以对视图进行缩放和平移操作，还可以对视图进行命名、重画、重生成视图和命名视口等操作。本节将介绍视图操作方面的知识与操作技巧。

1.6.1 视图缩放

视图缩放是通过对图形的放大和缩小来更改视图显示比例的操作，该功能可以查看较大的图形范围，也可以看到图形的细节，但不改变实际图形的大小。

视图缩放工具包括窗口缩放、动态缩放、比例缩放、圆心缩放、对象缩放、放大、缩小和全部缩放等。下面介绍如何调用视图缩放功能。

1 选择【缩放】菜单

在 AutoCAD 2016 中文版中，打开一个图形文件，在【草图与注释】空间中，在菜单栏中，单击【视图】菜单，在弹出的下拉菜单中，选择【缩放】菜单项，如图所示。

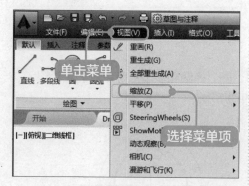

> **提示**
>
> 在命令行中输入【ZOOM】或【Z】命令，也可以调用相应的缩放命令。

2 调用缩放子菜单

在【缩放】下拉菜单中，可以看到各视图缩放的子菜单项，选择其中要使用的功能对图形进行操作，这样即可完成调用视图缩放功能的操作，如图所示。

1.6.2 视图平移

在 AutoCAD 2016 中文版中，可以在不改变图形位置的情况下对视图进行移动操作，以方便查看图形的其他部分。视图平移分为实时平移和定点平移，下面以实时平移图形为例，介绍视图平移的操作方法。

1 选择【平移】菜单

在 AutoCAD 2016 中文版中，打开一个图形文件，在【草图与注释】空间中，在菜单栏中，单击【视图】菜单，在弹出的下拉菜单中，选择【平移】▶【实时】菜单项，如图所示。

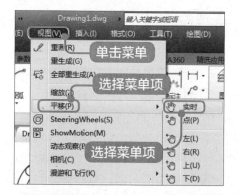

2 平移图形

鼠标指针变为 👆 形状，单击并按住鼠标左键向右拖动图形，在指定位置释放鼠标左键，即可完成视图平移的操作，如图所示。

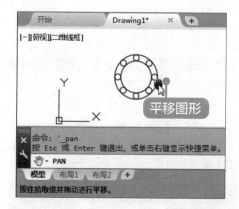

📢 提示

在使用实时平移工具移动图形时，图形会跟随鼠标指针向一个方向移动，而定点平移图形，则是通过指定平移图形的基点和平移到的目标点的方式，来进行图形的平移操作。

1.6.3 命名视图

在 AutoCAD 2016 中文版中，视图是指按一定比例、观察位置和角度显示

的图形。经过命名的视图，可以在以后的绘图过程中进行恢复，也可以调用跨越多个绘图任务的视图。

在绘制图形时，可以将经常更改的视图模式保存起来并进行重新命名，方便以后随时使用。下面介绍 AutoCAD 2016 中文版命名视图的操作方法。

1 选择【命名视图】菜单

在 AutoCAD 2016 中文版中，打开一个图形文件，在【草图与注释】空间中，在菜单栏中，单击【视图】菜单，在弹出的下拉菜单中，选择【命名视图】菜单项，如图所示。

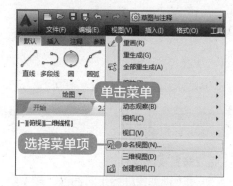

2 弹出【视图管理器】对话框

弹出【视图管理器】对话框，单击【新建】按钮 新建(N)... ，如图所示。

③ **命名视图**

弹出【新建视图/快照特性】对话框，在【视图名称】文本框中输入视图名称，单击【确定】按钮 确定 ，如图所示。

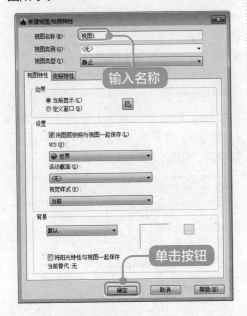

④ **完成命名视图操作**

返回【视图管理器】对话框，在【查看】区域中，在展开的【模型视图】下拉选项中看到新建视图的名称，单击【确定】按钮 确定 ，即可完成命名视图的操作，如图所示。

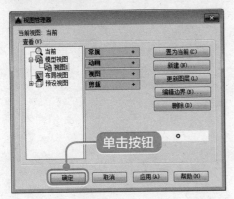

提示

鼠标右键单击新建的视图名称，在弹出的快捷菜单中，选择【删除】菜单项，可以清除不需要的视图。

1.6.4 重画/重生成视图

在 AutoCAD 2016 中文版中，在进行设计绘图和编辑的过程中，屏幕上常常留下对象的拾取标记，这些临时标记并不是图形中的对象，有时会使当前图形画面显得混乱，可以使用重画与重生成图形功能清除这些临时标记。

重画与重生成视图的特点如下所示。

☞ 重画：使用【重画】命令（REDRAW），可以更新用户使用的当前视区。

☞ 重生成：重生成与重画在本质上是不同的，使用【重生成】命令（REGEN）可重生成屏幕，但更新屏幕花费时间较长，操作会变慢。

在菜单栏中，单击【视图】菜单，在弹出的下拉菜单中，选择【重画】或【重生成】菜单项，即可调用【重画】或【重生成】功能，如图所示。

1.6.5 新建/命名视口

为了方便观察图形，可以使用【新建视口】命令，将绘图窗口分成几个视图窗口来显示。下面介绍 AutoCAD 2016 中文版新建视口与命名视口的操作方法。

1 选择【新建视口】菜单

打开一个图形文件，在【草图与注释】空间中，在菜单栏中，单击【视图】菜单，在弹出的下拉菜单中，选择【视口】➤【新建视口】菜单项，如图所示。

2 设置新建视口参数

弹出【视口】对话框，选择【新建视口】选项卡，在【新名称】文本框中，输入视口名称，在【标准视口】区域中，选择要使用的视口类型，单击【确定】按钮 确定 ，如图所示。

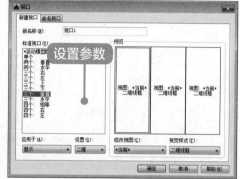

3 新建视口后的效果

通过以上步骤即可完成新建视口的操作，如图所示。

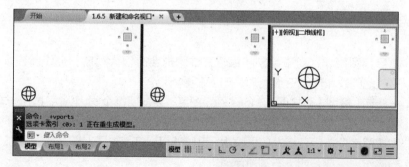

4 重命名视口

再次打开【视口】对话框，选择【命名视口】选项卡，在【命名视口】区域中，鼠标右键单击视口名称，在弹出的快捷菜单中，选择【重命名】菜单项，如图所示。

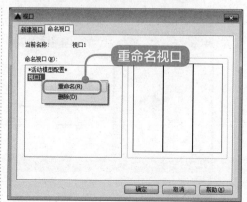

5 完成重命名视口的操作

在文本框中输入重命名的视口名称，单击【确定】按钮 确定 ，即可完成新建和命名视口的操作，如图所示。

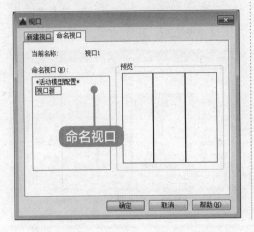

举一反三

熟悉视图操作，对于绘制和编辑三维图形会有很大帮助，通过新建视口可以有效地创建和修改三维图形，如下左图所示。

一般在【模型】里按照1:1的比例绘图后，会发现每个图因为大小不一样，在【模型】里的排版是非常凌乱的。如果需要将这些图形打印出来，必须将这些图按照比例排版在标准的图框上。这时就可以在【布局】窗口中，通过【视口】的操作来完成，如下右图所示。

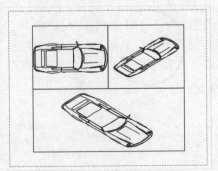

本节将介绍多个操作技巧，分别讲解了显示菜单栏和调用工具栏的具体操作方法，帮助读者学习与快速提高。

技巧1 • 显示菜单栏

在 AutoCAD 2016 中文版中，由于菜单栏在默认情况下不显示在初始界面中，需要将隐藏状态下的菜单栏显示出来，下面将介绍显示菜单栏的操作方法。

1 选择【显示菜单栏】选项

在【草图与注释】空间中，在【快速访问】工具栏中，单击【工作空间】右侧的下拉按钮▼，在弹出的下拉菜单中，选择【显示菜单栏】菜单项，如图所示。

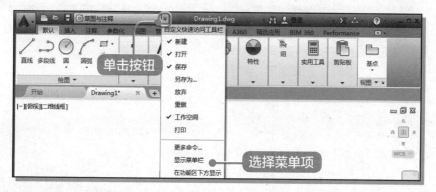

2 菜单栏显示在界面中

菜单栏则显示在【快速访问工具栏】的下方，通过以上步骤即可完成显示菜单栏的操作，如图所示。

技巧2 • 调用工具栏

在 AutoCAD 2016 中文版中，对于找不到的绘图工具都可以从工具栏中调用，下面以调用【修改】工具栏为例介绍调用工具栏的操作方法。

1 选择【修改】菜单项

新建 AutoCAD 空白文档，在菜单栏中，选择【工具】菜单，在弹出的下拉菜单中，选择【工具栏】➤【AutoCAD】菜单项，在弹出的下拉菜单中，选择【修改】菜单项，如图所示。

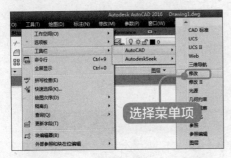

选择菜单项

2 修改工具栏调用完成

打开【修改】工具栏面板，通过以上步骤即可完成调用工具栏的操作，如图所示。

🔊 提示

如果不小心将功能区面板关闭了，可以在菜单栏中选择【工具】菜单，在弹出的下拉菜单中，选择【选项板】➤【功能区】菜单项，即可调出功能区面板。

第 2 章

坐标系与绘图环境

本章视频教学时间 / 11 分 42 秒

重点导读

本章主要介绍了坐标系、设置绘图环境和设计中心方面的知识，同时通过几个实战案例，讲解了设置个性化的绘图环境和辅助绘图设置方面的知识与操作技巧。通过对本章的学习，读者可以掌握坐标系与绘图环境方面的知识，为深入学习 AutoCAD 2016 奠定基础。

本章主要知识点

- ✓ 坐标系
- ✓ 设置绘图环境
- ✓ 设计中心
- ✓ 实战案例——设置个性化的绘图环境
- ✓ 实战案例——辅助绘图设置

2.1 坐标系

本节学习时间 / 2 分 51 秒

在 AutoCAD 2016 中文版中有两种非常重要的坐标系，即 WCS（世界坐标系）和 UCS（用户坐标系）。在绘制图形时，如果需要精确定位某个图形对象的位置，应以 WCS 或 UCS 作为参照，本节将详细介绍坐标系方面的知识。

2.1.1 世界坐标系

世界坐标系（World Coordinate System，WCS），是 AutoCAD 2016 的基本坐标系，由 X 轴和 Y 轴组成，三维空间中还包括 Z 轴，坐标原点一般位于绘图窗口的左下角，X 轴水平向右和 Y 轴垂直向上的方向被规定为正方向。在新建图形文件时，世界坐标系为当前默认的坐标系，如图所示。

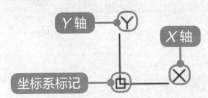

2.1.2 用户坐标系

在 AutoCAD 2016 中，修改过坐标系原点位置和坐标方向的世界坐标称作用户坐标系（User Coordinate System，UCS）。用户坐标系的 X、Y 和 Z 轴及原点方向都可以旋转或移动，具备了良好的灵活性，如图所示。

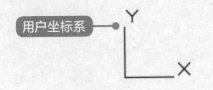

> **提示**
>
> 使用鼠标右键单击用户坐标系图标，在弹出的快捷菜单中，选择【图标设置】菜单项，在弹出的【UCS】图标设置对话框中，可以对用户坐标系图标的大小、颜色和样式等进行设置。

2.1.3 坐标输入方式

在 AutoCAD 2016 中文版中，坐标的输入方式包括绝对直角坐标、绝对极坐标、相对直角坐标和相对极坐标。这些坐标输入方式可以更好地辅助用户进行绘图操作，下面介绍坐标输入方式方面的知识。

1. 绝对直角坐标

绝对直角坐标系又称为笛卡尔坐标系，以坐标原点（0，0）为基点，由两条互相垂直的坐标轴构成，其中 X 轴表示水平方向，以向右方向作为正方向，Y 轴表示垂直方向，以向上的方向作为正方向。在命令行中输入绝对直角坐标的方式为（X，Y），如图所示。

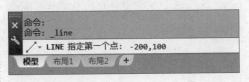

2. 绝对极坐标

绝对极坐标指通过输入某点距当前坐标原点的距离，及在该坐标平面中该点与坐标原点连线与 X 轴正向夹角来确定点的位置。表示形式为 L<a，L 代表以坐标原点为坐标线的长度，<a 代表角度。例如 100 < 45，表示离原点的距离为 100，相对于 X 轴的角度为 45° 的某点，在命令行中输入绝对极坐标的方式为 "100<45"，如图所示。

3. 相对直角坐标

相对直角坐标以某一点为参考点，通过输入与这个参考点相对的坐标值来确定另一点的位置坐标，它与原点坐标系没有联系，输入方式与绝对直角坐标的输入方式类似，只需在绝对直角坐标前加 "@" 符号即可，如输入绝对直角坐标 "200,100"，则输入相对直角坐标方

式为 "@200,100"，如下图所示。

4. 相对极坐标

相对极坐标以上一个操作点作为参考点，来输入相对应的坐标值，以确定另一个点的位置。在非动态输入模式下的输入格式为 "@A< 角度" 信息，A 代表指定点到特定点的距离。如果输入 "@10<45"，表示该点距上一点的距离为 10，和上一个点的连线与 X 轴成 45°，如下图所示。

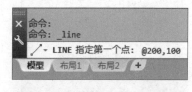

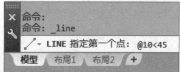

2.2　设置绘图环境

本节学习时间 / 1 分 02 秒

在 AutoCAD 2016 中，绘制图形时，有时需要按照标准对图形的大小和单位进行统一的要求，这时就需要在绘制之前设置好绘图环境。本节将重点介绍设置绘图环境方面的知识与操作技巧。

2.2.1　设置量度单位

因绘制的图形不同，用户可以根据需要来设置文档的长度、角度单位和方向等。下面讲解设置绘图单位的操作方法。

1 选择【单位】菜单项

新建 AutoCAD 空白文档，在【草图与注释】空间中，在菜单栏中，单击【格式】菜单，在弹出的下拉菜单中，选择【单位】菜单项，如图所示。

② 设置量度参数

弹出【图形单位】对话框，设置【长度】区域相应的参数值，设置【角度】区域相应的参数值，单击【确定】按钮 ▭确定 ，即可完成设置绘图单位的操作，如图所示。

2.2.2 设置图形界限

在 AutoCAD 2016 中文版中，为了避免在绘图时超出工作区域，需要使用图形界限来标明边界。图形界限简称"图限"，是 AutoCAD 的绘图区域。下面将介绍设置图形界限的操作方法。

① 选择【图形界限】菜单

新建 AutoCAD 空白文档，在【草图与注释】空间中，在菜单栏中，选择【格式】菜单，在弹出的下拉菜单中，选择【图形界限】菜单项，如图所示。

② 输入左下角点坐标

命令行提示"LIMITS 指定左下角点或【开（ON）关（OFF）】"，在命令行中输入左下角点坐标"0，0"，在键盘上按下【Enter】键，如图所示。

③ 输入右下角点坐标

命令行提示"LIMITS 指定右上角点"，在命令行中输入右上角点坐标"210，297"，在键盘上按下【Enter】键，即可完成设置图形界限的操作，如图所示。

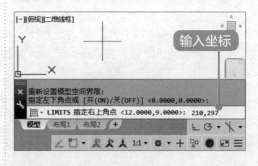

> 📢 **提示**
>
> 在AutoCAD 2016中文版中，可以在命令行输入"LIMITS"命令，然后在键盘上按下【Enter】键，来调用图形界限命令。

2.3 设计中心

本节学习时间 / 2分14秒

AutoCAD 设计中心主要用于组织图形、图案填充和其他图形内容的操作，本节将介绍 AutoCAD 2016 中文版设计中心方面的知识和操作技巧。

2.3.1 AutoCAD 设计中心概述

AutoCAD 设计中心（AutoCAD Design Center, ADC）是一个与 Windows 资源管理器作用类似的管理工具，它可以迅速地将图形文件、图块等功能添加到文件中，并且可以浏览、打开、搜索指定的图形资源。它拥有以下优点。

⚓ 可以浏览用户计算机、网络驱动器和 Web 页上的图形内容（如图形或符号库）。

⚓ 查看任意图形文件中块和图层的定义表，然后将定义表插入、附着、复制和粘贴到当前图形中。

⚓ 创建指向常用图形、文件夹和 Internet 网址的快捷方式。

⚓ 更新（重定义）块定义。向图形中添加内容（如外部参照、块和图案填充），在新窗口中打开图形文件。

⚓ 将图形、块和图案填充拖动到工具选项板上以便于访问。

⚓ 可以在打开的图形之间复制和粘贴内容（如图层定义、布局和文字样式）。

📢 提示

在菜单栏中，选择【工具】➤【选项板】菜单项，在【选项板】下拉菜单中选择【设计中心】菜单项，或者选择【视图】选项卡，在【选项板】面板中，单击【设计中心】按钮，都可以打开设计中心面板。

2.3.2 认识"设计中心"窗口

在 AutoCAD 2016 中，AutoCAD 设计中心主要由树状视图区、内容区、按钮区和选项卡等部分组成，如图所示。

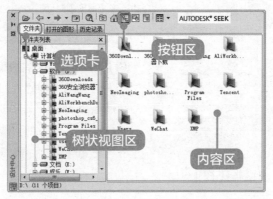

2.3.3 从设计中心搜索内容并加载到内容区

在 AutoCAD 2016 中文版中，可以在设计中心中搜索内容并将其加载到内容区，以方便用户查询使用，下面介绍从设计中心搜索内容并加载到内容区的操作方法。

1 单击【设计中心】按钮

新建 AutoCAD 空白文档，在【草图与注释】空间中，在【功能区】中，选择【视图】选项卡，在【选项板】面板中，单击【设计中心】按钮，如图所示。

2 单击【搜索】按钮

打开【设计中心】面板，在按钮区中，单击【搜索】按钮，如图所示。

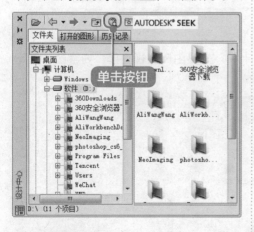

3 设置搜索条件

弹出【搜索】对话框，在【于】下拉列表框中，选择要搜索的文件的磁盘位置，在【搜索文字】文本框中，输入搜索的文件名，单击【立即搜索】按钮，如图所示。

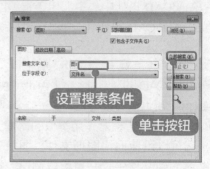

4 选择【加载到内容区中】菜单项

搜索信息完成后，在【检索】区域中，右击搜索到的文件名，在弹出的快捷菜单中，选择【加载到内容区中】菜单项，如图所示。

> **提示**
>
> 在【搜索】对话框中进入搜索文件状态时，如需停止搜索，单击【停止】按钮即可。

5 加载到内容区的效果

返回到【设计中心】窗口，可以看到搜索的文件已经添加到内容区中，这样即可完成从设计中心搜索内容并加载到内容区的操作，如图所示。

2.3.4 设计中心的一些常用操作

在 AutoCAD 2016 中文版中，通过设计中心可以对文件和图形进行打开、查找内容和添加内容等操作，还可以使用设计中心插入图形资源，并且能够方便地进行插入图块和重定义图块操作。下面介绍使用设计中心打开图形文件的操作方法。

1 单击【设计中心】按钮

新建 AutoCAD 空白文档，在【草图与注释】空间中，在【功能区】中，选择【视图】选项卡，在【选项板】面板中，单击【设计中心】按钮，如图所示。

2 选择文件夹

打开【设计中心】面板，选择【文件夹】标签，在左侧的树状视图区中，选择要打开文件所在的文件夹，如图所示。

3 打开文件

在内容区中，鼠标右键单击要打开的文件名称，在弹出的快捷菜单中，选择【在应用程序窗口中打开】菜单项，如图所示。

4 完成文件打开操作

文件在 AutoCAD 绘图中打开，通过以上步骤即可完成使用设计中心打开图形文件的操作，如图所示。

2.4 实战案例——设置个性化的绘图环境

本节学习时间 /2 分 23 秒

在 AutoCAD 2016 中文版中，用户可以根据自己的使用习惯对绘图环境进行设置，本节将介绍设置个性化绘图环境的操作方法。

2.4.1 设置绘图背景颜色

在 AutoCAD 2016 中文版中，绘图区的背景颜色默认为黑色，在制作和编辑图形时，用户可以根据自己的爱好和使用习惯来更改绘图区的背景颜色，下面介绍设置绘图区背景的操作方法。

1 选择【选项】菜单

新建 AutoCAD 空白文档，在【草图与注释】空间中，在菜单栏中，单击【工具】菜单，在弹出的下拉菜单中，选择【选项】菜单项，如图所示。

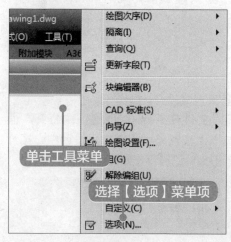

2 弹出【选项】对话框

在弹出的【选项】对话框中，选择【显示】选项卡，在【窗口元素】区域中，单击【颜色】按钮 颜色(C)... ，如图所示。

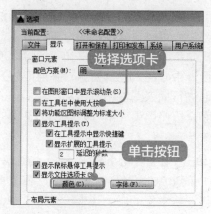

3 设置背景颜色

弹出【图形窗口颜色】对话框，在【上下文】列表框中，选择【二维模型空间】选项，在【界面元素】列表框中，选择【统一背景】选项，在【颜色】下拉列表框中，选择要设置的背景颜色，如黄色，单击【应用并关闭】按钮 应用并关闭(A) ，如图所示。

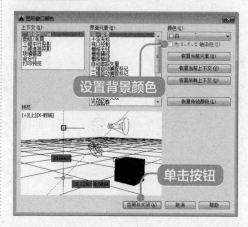

4 完成设置

这时可以看到绘图区的背景颜色改变，返回到【选项】对话框，单击【确定】按钮 确定，即可完成设置绘图区背景色的操作，如图所示。

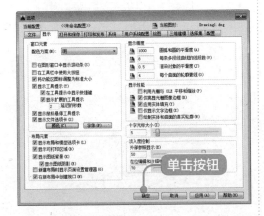

💡 提示

在绘图区的空白处单击鼠标右键，在弹出的快捷菜单中，选择【选项】菜单项，也可以打开【选项】对话框。

2.4.2 设置十字光标大小

在绘制图形的过程中，有时会觉得当前的十字光标过小，操作起来很不方便，这时可以对光标的大小进行设置，下面介绍具体的操作方法。

1 选择【选项】菜单

新建 AutoCAD 空白文档，在【草图与注释】空间中，在绘图区的空白处，单击鼠标右键，在弹出的快捷菜单中，选择【选项】菜单项，如图所示。

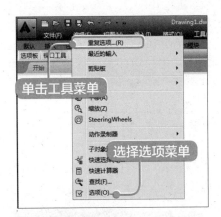

2 调整光标大小

在弹出的【选项】对话框中，选择【显示】选项卡，在【十字光标大小】区域，拖动滑块设置光标的大小，单击【确定】按钮 确定，如图所示。

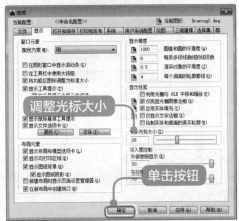

3 调整后的光标效果

返回到绘图区，可以看到光标的大小发生改变，这样即可完成设置十字光标大小的操作，如图所示。

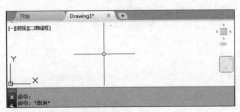

2.4.3 设置鼠标右键功能

在 AutoCAD 2016 中文版中，鼠标的右键功能是可以重新设置的，下面详细介绍设置鼠标右键功能的操作方法。

1 选择【选项】菜单

新建 AutoCAD 空白文档，在【草图与注释】空间中，在绘图区的空白处，单击鼠标右键，在弹出的快捷菜单中，选择【选项】菜单项，如图所示。

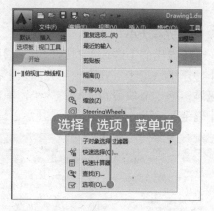

2 单击设置右键的按钮

在弹出的【选项】对话框中，选择【用户系统配置】选项卡，在【Windows 标准操作】区域中，单击【自定义右键单击】按钮，如图所示。

3 设置鼠标右键参数

弹出【自定义右键单击】对话框，在【默认模式】和【编辑模式】区域，设置相应的模式单选项，在【命令模式】区域，设置单击鼠标右键表示的功能，单击【应用并关闭】按钮，如图所示。

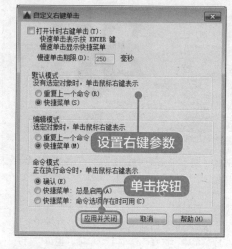

4 完成设置

返回到【选项】对话框，单击【确定】按钮，通过以上步骤即可完成设置鼠标右键功能的操作，如图所示。

在【选项】对话框的【显示】选项卡中，可以设置窗口的明暗、背景颜色等；在【打开和保存】选项卡中，可以设置文件另存的格式；在【绘图】选项卡中，可以设置自动捕捉、自动捕捉标记大小及靶框大小等，如下图所示。

2.5 实战案例——辅助绘图设置

本节学习时间 / 3分12秒

在AutoCAD 2016中文版中，为了提高绘图的效率，可以使用一些绘图辅助工具，这样可以更加方便快速地绘制出图形。本节将详细介绍绘图辅助工具方面的知识与操作方法。

2.5.1 对象捕捉模式

在绘制图形时，开启对象捕捉模式后，可以将指定点限制在现有对象的确切位置上，如中点、端点、交点等。而为了确定需要捕捉的点，则需要在开启对象捕捉的同时，设置对象的捕捉模式。下面介绍设置对象捕捉与对象捕捉模式的操作方法。

1 选择【绘图设置】菜单

新建AutoCAD空白文档，在【草图与注释】空间中，在菜单栏中，选择【工具】菜单，在弹出的下拉菜单中，选择【绘图设置】菜单项，如图所示。

2 设置对象捕捉选项

在弹出的【草图设置】对话框中，选择【对象捕捉】选项卡，选择【启用对象捕捉】复选框，单击【全部选择】按钮 全部选择 ，然后单击【确定】按钮 确定 ，即可完成设置对象捕捉与对象捕捉模式的操作，如图所示。

📢 提示

在AutoCAD 2016中文版中，如果要快速开启对象捕捉模式，可以单击状态栏上的【对象捕捉】按钮，或者在键盘上按下【F3】快捷键，都可以快速开启与关闭对象捕捉功能，如图所示。

2.5.2 极轴追踪

极轴追踪是指在绘图时可以沿某一

角度追踪的功能，在 AutoCAD 2016 中文版中，极轴追踪增量角度包括 90°、30° 和 45° 等。下面介绍设置极轴追踪的操作方法。

1 选择【绘图设置】菜单

新建 AutoCAD 空白文档，在【草图与注释】空间中，在菜单栏中，选择【工具】菜单，在弹出的下拉菜单中，选择【绘图设置】菜单项，如图所示。

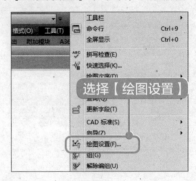

2 设置极轴追踪选项

弹出【草图设置】对话框，选择【极轴追踪】选项卡，选择【启用极轴追踪】复选框，在【极轴角设置】区域的【增量角】下拉列表框中，选择【45】选项，单击【确定】按钮 确定 ，即可完成设置极轴追踪的操作，如图所示。

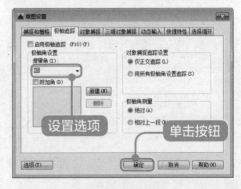

2.5.3 对象捕捉追踪

对象捕捉追踪是对象捕捉功能与极

轴追踪功能的综合体现，该功能需与【对象捕捉】功能配合使用。

在 AutoCAD 2016 中文版中，在捕捉到特定点后，用户可以继续对其他的点进行捕捉追踪，如到端点、中点、交点和象限点等特殊点，下面介绍设置对象捕捉追踪的操作方法。

1 选择【绘图设置】菜单

新建 AutoCAD 空白文档，在【草图与注释】空间中，在菜单栏中，选择【工具】菜单，在弹出的下拉菜单中，选择【绘图设置】菜单项，如图所示。

2 设置对象捕捉追踪选项

弹出【草图设置】对话框，选择【对象捕捉】选项卡，选中【启用对象捕捉追踪】复选框，单击【确定】按钮，即可完成设置对象捕捉追踪的操作，如图所示。

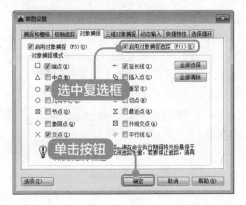

2.5.4 正交模式

在 AutoCAD 2016 中文版中，绘制水平直线或者垂直直线时，可以在正交模式下进行绘制。通常开启正交功能后，只能画出水平或垂直方向的直线，下面介绍开启与关闭正交模式的方法。

1 开启正交模式

新建 AutoCAD 空白文档，在【草图与注释】空间中，在状态栏中，单击【正交限制光标】按钮，即可完成开启正交模式的操作，如图所示。

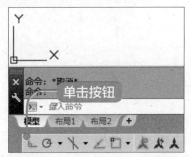

2 关闭正交模式

在状态栏中，再次单击【正交限制光标】按钮，即可完成关闭正交模式的操作，通过以上步骤即可完成开启与关闭正交模式的操作，如图所示。

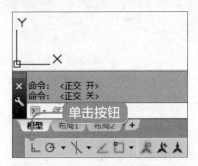

2.5.5 三维对象捕捉模式

在 AutoCAD 2016 中文版中，三维捕捉是建立在三维绘图的基础上的一种捕捉功能，与对象捕捉功能类似，下面介绍设置三维对象捕捉模式的操作方法。

1 选择【绘图设置】菜单

新建 AutoCAD 空白文档，在【草图与注释】空间中，在菜单栏中，选择【工具】菜单，在弹出的下拉菜单中，选择【绘图设置】菜单项，如图所示。

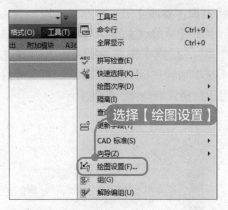

2 设置捕捉模式选项

在弹出的【草图设置】对话框中，选择【三维对象捕捉】选项卡，选择【启用三维对象捕捉】复选框，单击【全部选择】按钮 全部选择 ，单击【确定】按钮 确定 ，即可完成设置三维对象捕捉的操作，如图所示。

提示

开启正交模式后，在绘制一定长度的直线时，由于正交功能已经限制了直线的方向，只需要在绘制直线时输入直线的长度，即可绘制出水平或垂直方向的直线。在AutoCAD 2016中，可以在键盘上按下【F8】快捷键，快速开启正交模式。

2.5.6 动态输入

在绘制图形时，启用动态输入功能后，可以直接输入绘制图形的数值确定图形的大小，下面介绍设置动态输入功能的操作方法。

1 选择【绘图设置】菜单

新建 AutoCAD 空白文档，在【草图与注释】空间中，在菜单栏中，选中【工具】菜单，在弹出的下拉菜单中，选中【绘图设置】菜单项，如图所示。

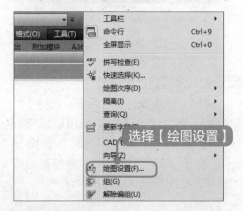

2 设置动态输入选项

弹出【草图设置】对话框，选中【动态输入】选项卡，选中【启用指针输入】复选框，选中【可能时启用标注输入】复选框，单击【确定】按钮 确定 ，如图所示。

3 动态输入效果

动态输入功能开启后，在绘制图形时，可以看到动态输入框，通过以上步骤即可完成设置动态输入的操作，如图所示。

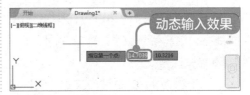

在 Auto CAD 2016 中文版中，还可以设置线宽和快捷特性等辅助绘图工具，来提高绘图和出图的效率，如图所示。

提示

线宽是图形对象的一个基本属性，主要作用就是控制图形在打印时的宽度，快捷特性则可以让用户在【快捷特性】面板中，快速地了解图形，同时能够修改图形的颜色、线型、坐标等特性。

本节将介绍多个操作技巧，包括快速显示与隐藏线宽、加载线型、使用坐标绘制图形，以及设置快捷特性面板的具体操作方法，帮助读者学习与快速提高。

高手私房菜

技巧 1 · 快速显示与隐藏线宽

在 AutoCAD 2016 中文版的状态栏中，单击线宽按钮可以显示与隐藏线宽，这样就节省了操作的时间。

1 显示线宽

新建 AutoCAD 空白文档，在【草图与注释】空间中，在状态栏中，单击【显示 / 隐藏线宽】按钮，即可完成开启显示线宽的操作，如图所示。

2 隐藏线宽

在状态栏中，再次单击【显示 / 隐藏线宽】按钮，即可完成隐藏线宽的操作，如图所示。

技巧 2 · 加载线型

在绘制复杂的建筑图形时，需要使用各种不同的线型，如虚线、点划线、中心线等，但默认情况下系统只显示 3 种线型，这时需要加载更多的线型来满足绘图需求，下面介绍加载线型的操作方法。

1 单击线型按钮

新建 AutoCAD 空白文档，在【草图与注释】空间中，在【功能区】中，选择【默认】选项卡，在【特性】面板中，单击【线型】下拉按钮，如图所示。

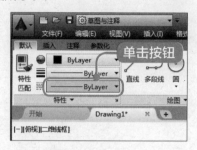

2 单击【其他】选项

在弹出的下拉列表框中，单击【其他】选项，如图所示。

3 单击【加载】按钮

弹出【线型管理器】对话框，单击【加载】按钮，如图所示。

4 选择加载的线型

弹出【加载或重载线型】对话框，在【可用线型】列表框中，选择要加载的线型，单击【确定】按钮 **确定**，如图所示。

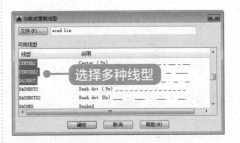

5 返回【线型管理器】对话框

返回到【线型管理器】对话框，单击【确定】按钮 **确定**，如图所示。

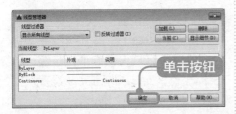

6 线型加载后的显示位置

返回操作界面，在【线型】下拉列表框中可以看到加载后的线型，这样即可完成加载线型的操作，如图所示。

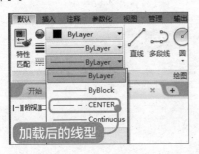

技巧 3 • 使用坐标绘制图形

在 AutoCAD 2016 中文版中，在绘制图形时，可以通过输入坐标位置的方式来绘制图形，下面以绘制直线为例，介绍使用坐标绘制的操作方法。

1 单击【直线】按钮

启动 AutoCAD 2016 中文版，新建空白文档，在【草图与注释】空间中，在【功能区】面板中，选择【默认】选项卡，在【绘图】面板中，单击【直线】按钮，如图所示。

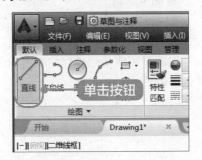

2 输入第一点坐标

命令行提示"LINE 指定第一个点"，在命令行中输入第一点的绝对直角坐标"200,100",在键盘上按下【Enter】键,如图所示。

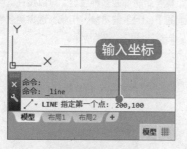

3 输入第二点坐标

命令行提示"LINE 指定下一点或【放弃(U)】",在命令行中输入第二点的绝对直角坐标"500,100",在键盘上按下【Enter】键,如图所示。

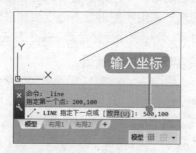

4 完成图形绘制

在键盘上按下【Esc】键,退出直线命令,绘制直线操作完成,通过以上方法即可完成使用坐标绘制图形的操作,如图所示。

技巧 4 • 设置快捷特性面板

在 AutoCAD 2016 中文版中,可以对快捷特性面板的位置进行设置,下面介绍具体的操作方法。

1 打开快捷特性面板

新建 AutoCAD 空白文档,在【草图与注释】空间中,在状态栏中,使用鼠标右键单击【快捷特性】按钮圙,在弹出的快捷菜单中,选择【快捷特性设置】菜单项,如图所示。

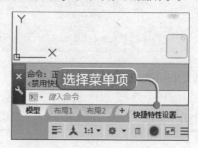

2 选择选项板位置

弹出【草图设置】对话框,在【选项板位置】区域设置选项板位置,单击【确定】按钮,即可完成设置快捷特性面板的操作,如图所示。

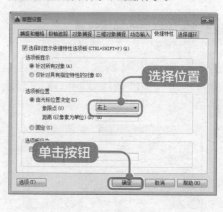

第 3 章

绘制二维图形

本章视频教学时间 / 22 分 57 秒

🎧 重点导读

本章主要介绍了绘制点、绘制直线对象以及绘制矩形与多边形方面的知识及操作技巧，同时还讲解了绘制圆、圆弧、椭圆和椭圆弧以及绘制圆环的操作方法。通过本章的学习，读者可以掌握绘制二维图形方面的知识，为深入学习 AutoCAD 2016 奠定基础。

📖 本章主要知识点

- ✓ 实战案例——绘制点
- ✓ 实战案例——绘制直线对象
- ✓ 实战案例——绘制矩形与多边形
- ✓ 实战案例——绘制圆
- ✓ 实战案例——绘制圆弧
- ✓ 实战案例——绘制椭圆和椭圆弧
- ✓ 实战案例——绘制圆环

3.1 实战案例——绘制点

本节学习时间 / 3 分 05 秒

点是组成图形的基本元素之一，对于捕捉和相对偏移有很大的作用。点的形式有很多种，包括单点、多点、定数等分点和定距等分点等。点的样式也是多种多样的，本节将重点介绍绘制点方面的知识与操作技巧。

3.1.1 设置点样式

在中文版 AutoCAD 2016 中，默认情况下，点的显示方式为一个黑点，为了更加方便查看点在图形上的位置，可以更改点的样式，下面将详细介绍设置点样式的操作步骤。

1 选择点样式菜单项

启动 AutoCAD 2016 中文版，然后新建 AutoCAD 空白文档，在【草图与注释】空间中，在菜单栏中选择【格式】菜单，在弹出的下拉菜单中选择【点样式】菜单项，如图所示。

2 设置点样式和点大小

弹出【点样式】对话框，选择【点】样式类型，在【点大小】文本框中，输入数值更改点的大小，单击【确定】按钮 确定 ，即可完成设置点样式的操作，如图所示。

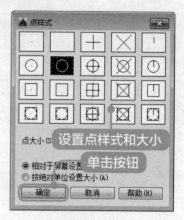

> **提示**
>
> 在【功能区】中选择【默认】选项卡，在【实用工具】面板中，单击【点样式】按钮，或在命令行输入"DDPTYPE"命令，然后在键盘上按下【Enter】键，都可以打开【点样式】对话框。

3.1.2 绘制单点和多点

单点绘制就是一次只能绘制一个点，而多点绘制可以连续绘制多个点，下面介绍在 AutoCAD 2016 中文版中，绘制单点和多点的操作方法。

1 选择【单点】菜单项

新建 AutoCAD 空白文档，在【草图与注释】空间中，在菜单栏中，选择【绘图】菜单项，在弹出的下拉菜单中，选择【点】➤【单点】菜单项，如图所示。

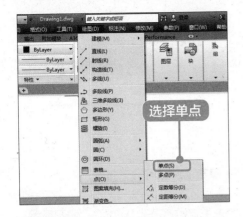

2 绘制单点

返回到绘图区，根据命令行提示"POINT 指定点"信息，在空白处单击，指定点的位置，如图所示。

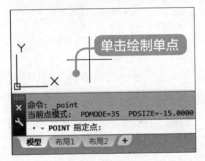

> 📢 提示
> 建议在绘制点之前设置好点样式。

3 绘制的单点效果

此时可以看到绘制好的点，这样即可完成绘制单点的操作，如图所示。

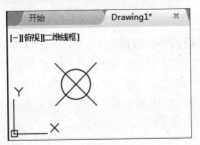

4 选择【多点】菜单项

删除前面步骤中绘制的单点，在菜单栏中，选择【绘图】菜单，在弹出的下拉菜单中，选择【点】➤【多点】菜单项，如图所示。

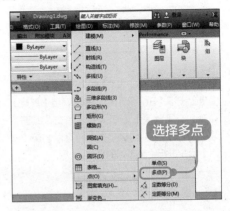

5 绘制多点

返回到绘图区，根据命令行提示"POINT 指定点"，在空白处连续单击鼠标左键，绘制多个点，如图所示。

6 绘制的多点效果

在键盘上按下【Esc】键退出多点命令，这样即可完成绘制多点的操作，如图所示。

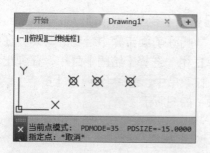

3.1.3 绘制定数等分点

在 AutoCAD 2016 中文版中，定数等分是指将图形对象按照一定的数量进行等分，下面来介绍如何绘制定数等分点。

1 单击【直线】按钮

新建 AutoCAD 空白文档，在【草图与注释】空间中，在【功能区】中，选择【默认】选项卡，在【绘图】面板中，单击【直线】按钮∕，如图所示。

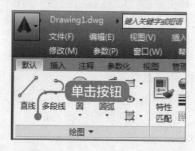

2 绘制直线

返回到绘图区，在空白处单击鼠标左键，确定线段的起点，移动鼠标指针至终点处，单击鼠标左键绘制一条线段，如图所示。

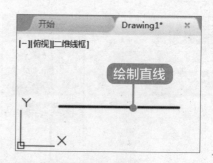

3 单击【定数等分】按钮

返回到【绘图】面板中，在面板中单击【定数等分】按钮，如图所示。

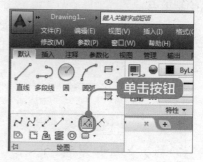

4 选择图形对象

返回到绘图区，根据命令行提示"DIVIDE 选择要定数等分的对象"，单击鼠标左键选择图形，如图所示。

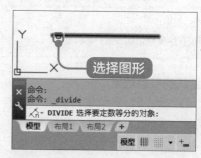

5 设置等分数量

根据命令行提示"DIVIDE 输入线段数目或【块（B）】"，在命令行中，输入等分线段的数目，如 3，在键盘上按下【Enter】键，如图所示。

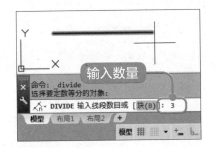

6 定数等分效果

线段已经被等分为 3 段，通过以上步骤即可完成绘制定数等分点的操作，如图所示。

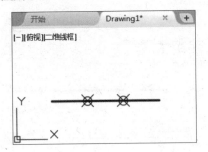

提示

在菜单栏中，选择【绘图】菜单，在弹出的下拉菜单中，选择【点】➤【定数等分】菜单项，或者在命令行中输入【DIVIDE】或【DIV】命令，来调用【定数等分】命令。

3.1.4 绘制定距等分点

定距等分功能可以将图形对象按一定的长度进行等分，但定距等分与定数等分不同，并且由于定距等分指定的长度不确定，在等分对象后可能会出现剩余线段，下面介绍绘制定距等分点的操作方法。

1 单击【直线】按钮

新建 AutoCAD 空白文档，在【草图与注释】空间中，在【功能区】中，选择【默认】选项卡，在【绘图】面板中，单击【直线】按钮，如图所示。

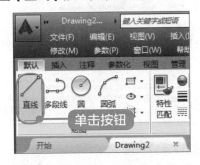

2 绘制直线

返回到绘图区，在空白处单击鼠标左键，确定线段的起点，移动鼠标指针至终点处，单击鼠标左键绘制一条线段，如图所示。

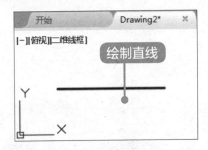

3 单击【定距等分】按钮

返回到【绘图】面板中，在面板中单击【定距等分】按钮，如图所示。

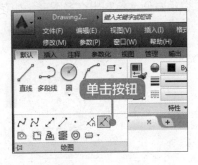

4 选择图形对象

返回到绘图区，根据命令行提示"MEASURE 选择要定距等分的对象"，单击鼠标左键选择图形，如图所示。

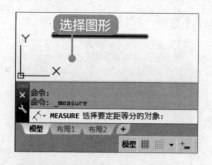

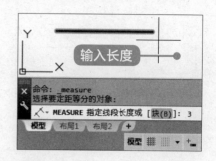

5 设置等分长度

根据命令行提示"MEASURE 指定线段长度或【块（B）】"，在命令行中输入线段长度，如 3，在键盘上按下【Enter】键，如图所示。

6 定距等分效果

线段已经按长度被等分，通过以上步骤，即可完成绘制定距等分点的操作，如图所示。

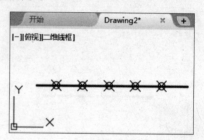

举一反三

在 AutoCAD 2016 中文版中，使用定数等分点配合其他的绘制命令，可以很方便地绘制出许多图形，如花瓣和棘轮的效果，如图所示。

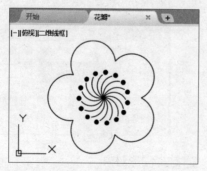

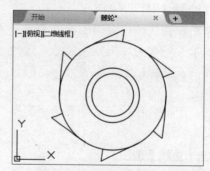

3.2 实战案例——绘制直线对象

本节学习时间 / 2 分 57 秒

线是在 AutoCAD 绘图过程中最常用的图形，而直线是最基本的二维对象。在 AutoCAD 2016 中文版中，线的种类有很多，包括直线、构造线、射线、多线和多线段等，本小节将重点介绍绘制线方面的知识与操作方法。

3.2.1 绘制直线

因为直线是基本的二维图形对象，所以能够帮助用户快速绘制基本图形，下面介绍绘制直线的操作方法。

1 调用【直线】命令

新建 AutoCAD 空白文档，在【草图与注释】空间中，在菜单栏中，选择【绘图】菜单，在弹出的下拉菜单中，选择【直线】菜单项，如图所示。

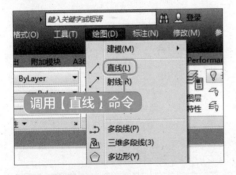

2 确定直线起点

返回到绘图区，根据命令行提示"LINE 指定第一个点"，在空白处单击鼠标左键，确定要绘制直线的起点，如图所示。

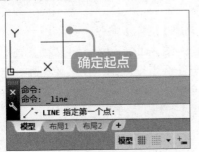

3 确定直线终点

移动鼠标指针，根据命令行提示，在指定位置单击，确定直线的终点，如图所示。

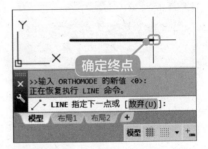

4 直线效果

在键盘上按下【Esc】键退出直线命令，通过以上步骤即可完成绘制直线的操作，如图所示。

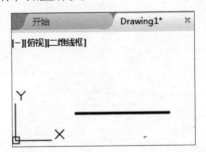

> 📢 提示
>
> 在【功能区】的【默认】选项卡中，单击【绘图】面板中的【直线】按钮，或者在命令行输入【LINE】或【L】命令，然后按下键盘上的【Enter】键，都可以调用直线命令。

3.2.2 绘制构造线

构造线是一条向两边无限延伸的辅助线，在 AutoCAD 2016 中文版中，一般作为绘制图形对象的参照线来使用，下面介绍绘制构造线的操作方法。

1 调用【构造线】命令

新建 AutoCAD 空白文档，在【草图与注释】空间中，在【功能区】中，选择【默认】选项卡，在【绘图】面板中，单击【构造线】按钮，如图所示。

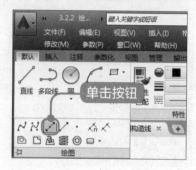

2 确定构造线起点

返回到绘图区，根据命令行提示"XLINE 指定点"，在空白处单击鼠标左键，确定要绘制构造线的起点，如图所示。

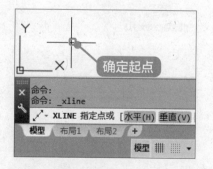

3 指定构造线通过点

移动鼠标指针，根据命令行提示"XLINE 指定通过点"，在指定位置单击鼠标左键，指定通过点，如图所示。

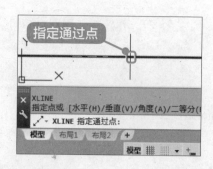

4 构造线效果

在键盘上按下【Esc】键退出构造线命令，通过以上步骤即可完成绘制构造线的操作，如图所示。

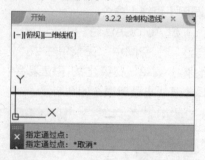

> **提示**
>
> 在菜单栏中，选择【绘图】➤【构造线】菜单项，或者在命令行中输入【XLINE】或【XL】命令，按下键盘上的【Enter】键，都可以调用构造线命令。

3.2.3 绘制射线

射线是一条一端固定、另一端无限延伸的直线，下面将详细介绍绘制射线的操作方法。

1 调用【射线】命令

新建 AutoCAD 空白文档，在【草图与注释】空间中，在菜单栏中，选择【绘图】菜单，在弹出的下拉菜单中，选择【射线】菜单项，如图所示。

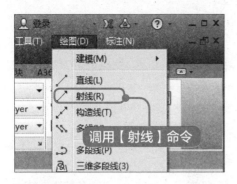

操作，如图所示。

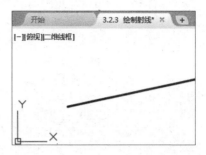

2 确定射线起点

返回到绘图区，根据命令行提示"RAY_ 指定起点"，在空白处单击鼠标左键，确定射线的起点，如图所示。

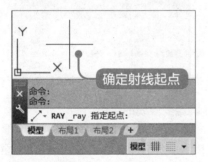

提示

如果要绘制多条射线，可以在调用【射线】命令后，在绘图区单击鼠标左键确定射线起点，然后依次在不同位置单击指定射线通过点，来绘制多条射线。

3.2.4 绘制多线

多线是由两条或两条以上直线构成的相互平行的直线，并且可以设置成不同的颜色和线型。下面将具体介绍绘制多线的操作方法。

1 调用多线命令

新建 AutoCAD 空白文档，在【草图与注释】空间中，在命令行中输入多线命令【MLINE】，按下键盘上的【Enter】键，如图所示。

3 确定射线通过点

移动鼠标指针，根据命令行提示"RAY 指定通过点"，在指定位置单击鼠标左键，确定通过点，如图所示。

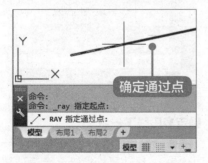

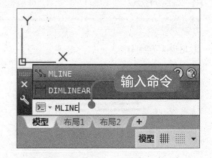

4 射线效果

在键盘上按下【Esc】键退出射线命令，通过以上步骤即可完成绘制射线的

2 确定多线的起点

返回到绘图区，根据命令行提示"MLINE 指定起点"，在空白处单击鼠标左键，确定要绘制的多线的起点，如

图所示。

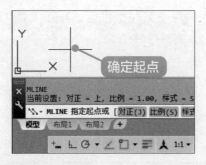

3 确定多线的终点

根据命令行提示"MLINE 指定下一点",移动鼠标指针,至合适位置单击鼠标左键,确定多线的终点,如图所示。

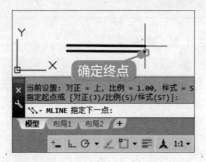

4 多线效果

在键盘上按下【Esc】键退出多线命令,通过以上步骤即可完成绘制多线的操作,如图所示。

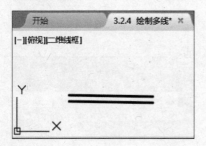

> **📢提示**
> 在菜单栏中,选择【绘图】➤【多线】菜单项,也可以调用【多线】命令。

3.2.5 绘制多段线

多段线是作为单个对象创建的相互连接的序列线段,创建的种类包括直线段、弧线段或两者的组合线段。下面具体介绍绘制多段线的操作方法。

1 调用多段线命令

新建 AutoCAD 空白文档,在【草图与注释】空间中,在【功能区】中,选择【默认】选项卡,在【绘图】面板中,单击【多段线】按钮🔾,如图所示。

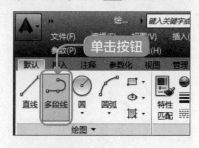

2 确定多段线的起点

返回到绘图区,根据命令行提示"PLINE 指定起点",在空白处单击鼠标左键,确定要绘制的多段线的起点,如图所示。

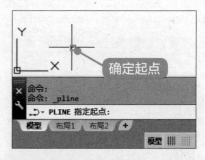

3 确定多段线下一点

根据命令行提示"PLINE 指定下一个点"信息,移动鼠标指针至合适位置单击鼠标左键,确定下一点,如图所示。

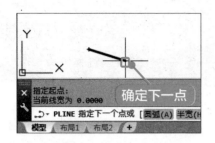

4 确定多段线终点

再次移动鼠标指针，重复步骤 3 的操作，在指定位置单击鼠标左键，确定终点，如图所示。

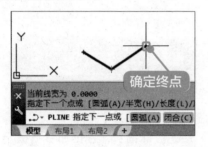

5 多段线的效果

在键盘上按下【Esc】键退出多段线命令，这样即可完成绘制多段线的操作，如图所示。

📢 提示

在AutoCAD 2016中文版中，还可以在调用多段线命令后，在命令行输入A，切换为绘制圆弧线段的模式，来绘制圆弧多段线。

举一反三

熟悉直线、构造线、射线、多线和多段线的绘制方法，可以绘制出不同形状的图形，如可以使用直线命令绘制出楼梯的效果图，也可以使用多线命令绘制出机械零件的效果图，如图所示。

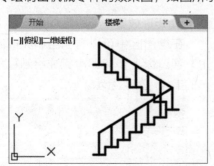

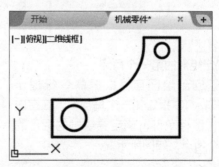

3.3 实战案例——绘制矩形与多边形

本节学习时间 / 2分01秒

矩形和多边形常用于绘制复杂的图形，在 AutoCAD 2016 中文版中，可以绘制直角矩形、倒角矩形和圆角矩形等，也可以绘制不同边数的多边形，本节将详细介绍绘制矩形与多边形方面的知识。

3.3.1 直角矩形

直角矩形是所有内角均为直角的平行四边形，使用绘制矩形的命令可以精确地画出用户需要的矩形，下面介绍绘制直角矩形的操作方法。

1 调用【矩形】命令

新建 AutoCAD 空白文档，在【草图与注释】空间中，在菜单栏中，选择【绘图】菜单，在弹出的下拉菜单中，选择【矩形】菜单项，如图所示。

2 确定矩形的第一个角点

返回到绘图区，根据命令行提示"RECTANG 指定第一个角点"，在空白处单击鼠标左键，确定要绘制的矩形的第一个角点，如图所示。

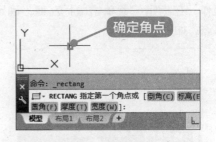

3 确定矩形的第二个角点

移动鼠标指针，根据命令行提示，在指定位置单击鼠标左键，确定矩形的另一个角点，如图所示。

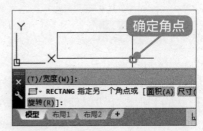

4 直角矩形效果

在绘图区中可以看到绘制完成的矩形，通过以上步骤即可完成绘制直角矩形的操作，如图所示。

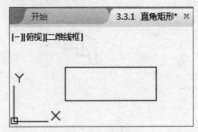

3.3.2 倒角矩形

在 AutoCAD 2016 中文版中，调用矩形命令，还可以精确地绘制带倒角的矩形，下面介绍绘制倒角矩形的操作方法。

1️⃣ **调用矩形命令**

新建 AutoCAD 空白文档，在【草图与注释】空间中，在菜单栏中，选择【绘图】菜单，在弹出的下拉菜单中，选择【矩形】菜单项，如图所示。

2️⃣ **输入倒角命令**

返回到绘图区，在命令行输入【倒角】选项命令 C，在键盘上按下【Enter】键，如图所示。

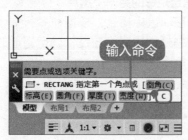

3️⃣ **输入第一个倒角距离**

命令行提示"RECTANG 指定矩形的第一个倒角距离"信息，在命令行中输入倒角距离的值，如 2，在键盘上按下【Enter】键，如图所示。

4️⃣ **输入第二个倒角距离**

命令行提示"RECTANG 指定矩形的第二个倒角距离"，在命令行中输入倒角距离的值，如 2，在键盘上按下【Enter】键，如图所示。

5️⃣ **确定矩形的第一个角点**

返回到绘图区，根据命令行提示，在空白处单击鼠标左键，确定矩形的第一个角点，如图所示。

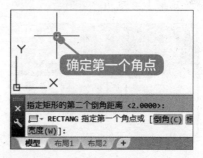

6️⃣ **确定另一个角点完成绘制**

移动鼠标指针，根据命令行提示，在空白处单击鼠标左键，确定矩形的另一个角点，这样即可完成绘制倒角矩形的操作，如图所示。

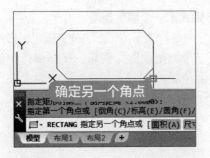

确定另一个角点

提示

一般情况下，使用倒角命令绘制图形后，系统会将倒角矩形设为默认值，当再次调用命令绘制直角矩形时，需要将矩形的倒角距离设置为0。

3.3.3 圆角矩形

绘制矩形时也可以为其设置圆角，这样就可以精确地绘制出带圆角的矩形，下面介绍绘制圆角矩形的操作方法。

1 调用【矩形】命令

新建 AutoCAD 空白文档，在【草图与注释】空间中，在【功能区】的【默认】选项卡中，单击【绘图】面板中的【矩形】下拉按钮，在弹出的下拉菜单中，选择【矩形】菜单项，如图所示。

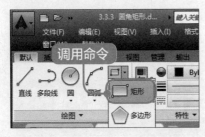

调用命令

2 输入圆角命令

返回到绘图区，在命令行输入【圆角】选项命令 F，在键盘上按下【Enter】键，如图所示。

输入命令

3 输入圆角半径

命令行提示"RECTANG 指定矩形的圆角半径"信息，在命令行中输入圆角半径的值，如 2，在键盘上按下【Enter】键，如图所示。

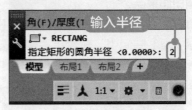

输入半径

4 确定第一个角点

返回到绘图区，根据命令行提示，在空白处单击鼠标左键，确定矩形的第一个角点，如图所示。

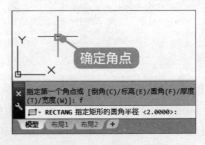

确定角点

5 确定矩形的另一个角点

移动鼠标指针，根据命令行提示，在空白处单击鼠标左键，确定矩形的另一个角点，如图所示。

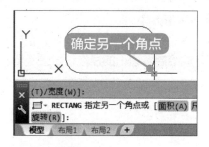

6 圆角矩形效果

这时可以看到绘制的圆角矩形，通过以上步骤即可完成绘制圆角矩形的操作，如图所示。

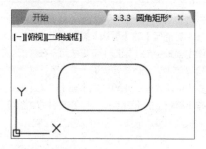

3.3.4 绘制多边形

由三条或三条以上的线段首尾顺次连接所组成的闭合图形叫做多边形。多边形需要确定边数、位置和大小来进行绘制。

下面以绘制六边形为例，介绍在AutoCAD 2016中文版中，绘制多边形的操作方法。

1 调用【多边形】命令

新建AutoCAD空白文档，在【草图与注释】空间中，在菜单栏中，选择【绘图】菜单，在弹出的下拉菜单中，选择【多边形】菜单项，如图所示。

2 输入多边形的边数

返回到绘图区，根据命令行提示"POLYGON 输入侧面数"信息，在命令行输入要绘制多边形的边数6，在键盘上按下【Enter】键，如图所示。

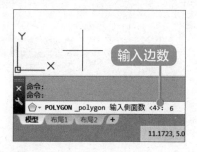

3 确定中心点

返回到绘图区，根据命令行提示"POLYGON 指定正多边形的中心点"信息，在空白处单击鼠标左键，确定多边形的中心点，如图所示。

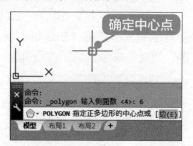

4 确定多边形的绘制方式

命令行提示"POLYGON 输入选项"信息，在命令行输入【内接于圆】选项命

71

令I, 按下键盘上的【Enter】键, 如图所示。

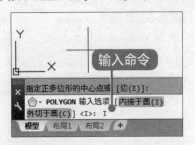

⑤ 确定多边形半径

移动鼠标指针, 根据命令行提示, 在指定位置单击鼠标左键, 确定圆的半径, 如图所示。

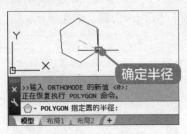

⑥ 多边形效果

多边形绘制完成, 通过以上步骤即可完成绘制多边形的操作, 如图所示。

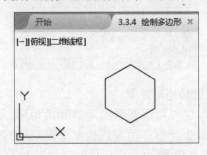

> **提示**
>
> 在【功能区】的【默认】选项卡中, 单击【绘图】面板中的【矩形】下拉按钮, 在弹出的下拉菜单中, 选择【多边形】菜单项, 或者在命令行中输入【POLYGON】或【POL】命令, 按下键盘上的【Enter】键, 这两种方式都可以用来调用多边形命令来进行图形的绘制。

举一反三

在现实的生活和工作当中, 很多实物都是与矩形有关的。在 AutoCAD 2016 中文版中, 熟练掌握直角矩形、倒角矩形和圆角矩形的使用方法, 可以精确绘制出很多高标准的机械产品, 例如垫片, 如下左图所示。

多边形命令的应用, 一般来说, 在机械工业方面, 比较常见的是使用该功能绘制出各式各样的螺母形状, 而且在绘制图形的过程中, 一般配合使用圆、圆弧等命令, 例如六角螺母, 如下右图所示。

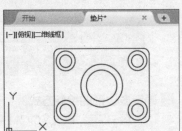

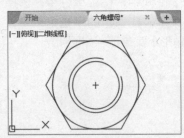

3.4 实战案例——绘制圆

本节学习时间 / 4分13秒

在同一平面内，到定点的距离等于定长的点的集合叫做圆。绘制圆的方式有很多种，包括两点方式、三点方式、"圆心，半径"等，本节将重点介绍绘制圆方面的知识与操作技巧。

3.4.1 "圆心，半径"绘制方法

在 AutoCAD 2016 中文版中，确定圆心位置和圆半径即可绘制圆，下面介绍使用圆心、半径方式绘制圆的操作方法。

1 调用"圆心，半径"命令

新建 AutoCAD 空白文档，在【草图与注释】空间中，在【功能区】的【默认】选项卡中，单击【绘图】面板中的【圆】下拉按钮，在弹出的下拉菜单中，选择【圆心，半径】菜单项，如图所示。

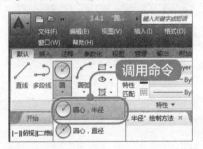

2 确定圆心位置

返回到绘图区，根据命令行提示"CIRCLE 指定圆的圆心"信息，在空白处单击鼠标左键，确定要绘制圆的圆心位置，如图所示。

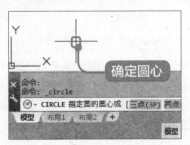

3 确定圆半径

根据命令行提示"CIRCLE 指定圆的半径"信息，移动鼠标指针，在指定位置单击鼠标左键，确定圆的半径，如图所示。

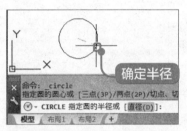

4 完成圆绘制

圆形绘制完成，通过以上步骤，即可完成使用"圆心，半径"方式绘制圆的操作，如图所示。

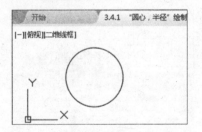

📢 提示

在使用"圆心，半径"的方式绘制圆时，如果对绘制圆的半径大小有要求，可以在命令行提示"CIRCLE指定圆的半径"时，在命令行中输入圆的半径值，按下键盘上的【Enter】键即可，如果没有要求，可以通过移动鼠标指针来确定半径。

3.4.2 "圆心，直径"绘制方法

确定了圆心位置和圆直径，也可以绘制出圆，下面将介绍使用圆心、直径方式绘制圆的操作方法。

1 调用"圆心，直径"命令

新建 AutoCAD 空白文档，在【草图与注释】空间中，在菜单栏中，选择【绘图】➤【圆】➤【圆心、直径】菜单项，如图所示。

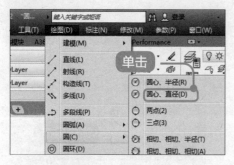

2 确定圆心位置

返回到绘图区，根据命令行提示"CIRCLE 指定圆的圆心"，在空白处单击鼠标左键，确定要绘制圆的圆心位置，如图所示。

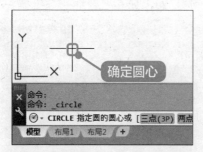

3 输入直径命令

根据命令行提示"CIRCLE 指定圆的半径或【直径（D）】"信息，在命令行输入直径选项 D，按下键盘上的【Enter】键，如图所示。

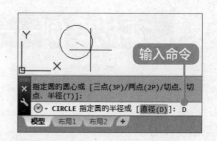

4 确定圆直径

根据命令行提示"CIRCLE 指定圆的直径"信息，移动鼠标指针至合适位置释放鼠标左键，确定圆的直径，如图所示。

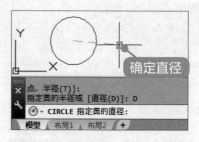

5 完成圆绘制

这样即可完成使用"圆心，直径"方式绘制圆的操作，如图所示。

> **提示**
> 在使用"圆心，直径"方式绘制圆时，也可以在命令行输入直径的值，来确定圆的大小。

3.4.3 "两点"绘制方法

在 AutoCAD 2016 中文版中，两点绘制法是指用圆的直径的两个端点来创建圆，下面将详细介绍使用两点方式绘制圆的操作方法。

1 调用【两点】命令

新建 AutoCAD 空白文档，在【草图与注释】空间中，在【功能区】中，选择【默认】选项卡，在【绘图】面板中，单击【圆】下拉按钮 圆，在弹出的下拉菜单中，选择【两点】菜单项，如图所示。

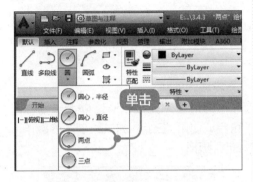

2 确定第一个端点

返回到绘图区，根据命令行提示 "CIRCLE 指定圆的圆心或：_2p 指定圆直径的第一个端点"信息，在空白处单击鼠标左键，确定要绘制圆的第一个端点位置，如图所示。

3 确定第二个端点

根据命令行提示"CIRCLE 指定圆直径的第二个端点"信息，移动鼠标指针，至合适位置单击鼠标左键，确定圆的第二个端点，如图所示。

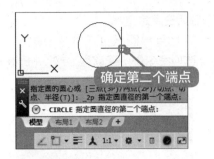

4 完成圆绘制

圆形绘制完成，通过以上步骤，即可完成使用"两点"方式绘制圆的操作，如图所示。

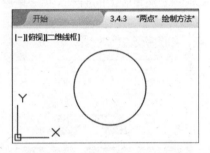

> **提示**
> 可以在菜单栏中选择【绘图】➤【圆】➤【两点】菜单项来调用两点命令。

3.4.4 "三点"绘制方法

在 AutoCAD 2016 中文版中，三点绘制法是指使用圆周上的三个点来创建圆，下面介绍如何使用三点方式绘制圆。

1 输入圆命令

新建 AutoCAD 空白文档，在【草图与注释】空间中，在命令行中输入【圆】命令 CIRCLE，按下键盘上的【Enter】键，如图所示。

2 激活三点命令

返回到绘图区，在命令行输入【三点】选项命令 3P，在键盘上按下【Enter】键，如图所示。

3 确定圆的第一个点

返回到绘图区，根据命令行提示"CIRCLE 指定圆上的第一个点"信息，在空白处单击鼠标左键，确定圆的第一个点，如图所示。

4 确定圆的第二个点

根据命令行提示"CIRCLE 指定圆上的第二个点"信息，移动鼠标指针，至合适位置单击鼠标左键，确定圆的第二个点，如图所示。

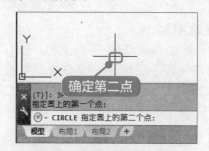

5 确定圆的第三个点

根据命令行提示"CIRCLE 指定圆上

的第三个点"信息，移动鼠标指针，至合适位置单击鼠标左键，确定圆的第三个点，如图所示。

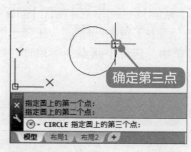

6 完成圆绘制

圆形绘制完成，通过以上步骤，即可完成使用"三点"方式绘制圆的操作，如图所示。

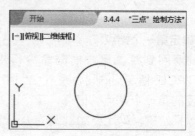

3.4.5 "相切，相切，半径"绘制方法

在 AutoCAD 2016 中，可以使用相切于两个对象并指定半径的方式来创建圆，下面介绍具体操作方法。

1 调用圆命令

启动 AutoCAD 2016 中文版，打开素材文件，在【草图与注释】空间中，在命令行中输入【圆】命令 CIRCLE，按下键盘上的【Enter】键，如图所示。

2 输入 T 命令

返回到绘图区，在命令行输入【切点，切点，半径】选项命令 T，在键盘上按下【Enter】键，如图所示。

输入命令

3 确定第一个切点

返回到绘图区，根据命令行提示"CIRCLE 指定对象与圆的第一个切点"信息，在出现的切点提示位置单击鼠标左键确定第一个切点，如图所示。

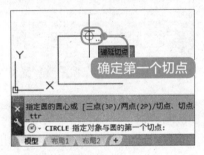

确定第一个切点

4 确定第二个切点

根据命令行提示"CIRCLE 指定对象与圆的第二个切点"信息，移动鼠标指针，在出现的切点提示位置单击鼠标左键确定第二个切点，如图所示。

确定第二个切点

5 确定圆半径

根据命令行提示"CIRCLE 指定圆的

半径"信息，在命令行中，输入圆的半径 3，按下键盘上的【Enter】键，如图所示。

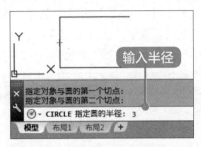

输入半径

6 完成圆绘制

此时可以看到圆已经绘制完成，通过以上步骤，即可完成使用"相切，相切，半径"方式绘制圆的操作，如图所示。

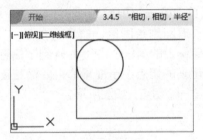

> **提示**
>
> 在使用"相切，相切，半径"的方式绘制圆时，系统会提示确定圆的第一个切点和第二个切点，在确定圆的半径时，系统会自动提示，这时只要在键盘上按下【Enter】键，即可绘制一个圆。

3.4.6 "相切，相切，相切"绘制方法

在 AutoCAD 2016 中文版中，还可以使用相切于三个对象的方式来创建圆，下面介绍使用相切、相切、相切方式绘制圆的操作方法。

1 调用圆命令

启动 AutoCAD 2016 中文版，打开素材文件，在【草图与注释】空间中，在菜单栏中，选择【绘图】菜单，在弹出的下拉菜单中，选择【圆】➤【相切、相切、相切】菜单项，如图所示。

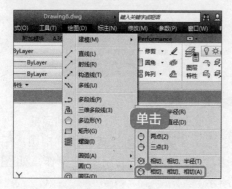

2 确定第一个切点

返回到绘图区，命令行提示"_3p 指定圆上的第一个点：_tan 到"信息，在出现的切点提示位置单击鼠标左键确定第一个切点，如图所示。

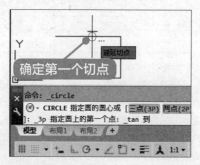

3 确定第二个切点

移动鼠标指针，在出现的切点提示位置单击鼠标左键确定第二个切点，如图所示。

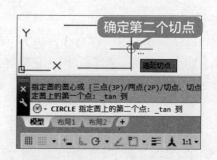

4 确定第三个切点

移动鼠标指针，在出现的切点提示位置单击鼠标左键确定第三个切点，如图所示。

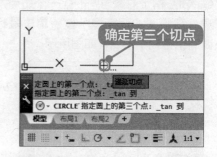

5 完成圆绘制

通过以上步骤即可完成使用"相切，相切，相切"方式绘制圆的操作，如图所示。

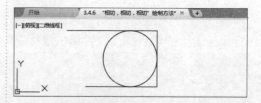

> **提示**
>
> 在AutoCAD 2016中文版中，在【功能区】中，选择【默认】选项卡，在【绘图】面板中，单击【圆】下拉按钮，在弹出的下拉菜单中，选择【相切，相切，相切】菜单项，也可以调用"相切，相切，相切"命令。

在 AutoCAD 2016 中文版中，熟练掌握了绘制圆的基本方法，就能够配合其他命令，绘制出用户所需要的图形。

将圆、矩形和镜像命令配合使用，可以绘制出一个篮球场的平面图，如下左图所示。具体的操作为，使用矩形绘制出篮球场地，使用圆绘制出争球圈。

使用矩形绘制灶台后，再使用圆绘制灶眼和旋钮等部件，这样就可以绘制出灶具的平面图，如下右图所示。

 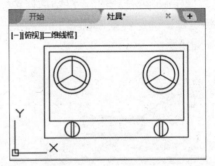

3.5 实战案例——绘制圆弧

本节学习时间 / 2分43秒

圆上任意两点间的部分叫做圆弧，用户可以运用"三点""起点，圆心，端点""起点，圆心，角度"和"起点，端点，角度"等 11 种方式绘制圆弧，本节将重点介绍绘制圆弧方面的知识与操作技巧。

3.5.1 运用三点法绘制圆弧

在 AutoCAD 2016 中文版中，圆弧的起点、通过点和端点称作圆弧的三点，可以通过确定圆弧的这三个点来绘制圆弧，下面介绍运用三点绘制圆弧的操作方法。

1 调用【三点】命令

新建 AutoCAD 空白文档，在【草图与注释】空间中，在【功能区】的【默认】选项卡中，单击【绘图】面板中的【圆弧】下拉按钮 圆弧，在弹出的下拉菜单中，选择【三点】菜单项，如图所示。

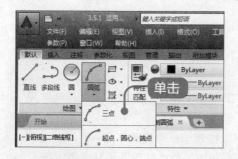

② 确定圆弧起点

返回到绘图区，根据命令行提示"ARC 指定圆弧的起点"，在空白处单击鼠标左键，确定要绘制圆弧的起点位置，如图所示。

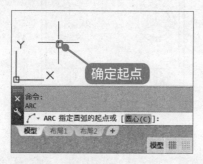

③ 确定圆弧第二点

根据命令行提示"ARC 指定圆弧的第二个点"信息，移动鼠标指针，至合适位置单击鼠标左键，确定圆弧的第二个点，如图所示。

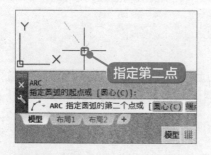

④ 确定圆弧端点

根据命令行提示"ARC 指定圆弧的端点"信息，移动鼠标指针，至合适位置单击鼠标左键，确定圆弧的端点，如图所示。

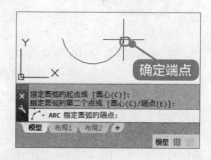

⑤ 完成圆弧绘制

绘制操作完成，通过以上步骤即可完成使用"三点"方式绘制圆弧的操作，如图所示。

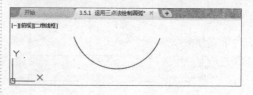

> 📢 提示
>
> 在菜单栏中，选择【绘图】菜单，在弹出的下拉菜单中，选择【圆弧】➤【三点】菜单项，也可以调用三点命令绘制圆弧。

3.5.2 运用"起点、圆心、端点"方式

在 AutoCAD 2016 中文版中，可以使用"起点、圆心、端点"的方式来绘制圆弧，这种方式始终是从起点按逆时针来绘制圆弧的，下面介绍运用起点、圆心、端点方式绘制圆弧的操作方法。

① 调用圆弧命令

新建 AutoCAD 空白文档，在【草图与注释】空间中，在菜单栏中，选择【绘图】菜单，在弹出的下拉菜单中，选择【圆弧】➤【起点、圆心、端点】菜

单项，如图所示。

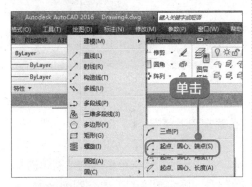

2 确定圆弧起点

返回到绘图区，根据命令行提示"ARC 指定圆弧的起点"，在空白处单击鼠标左键，确定要绘制圆弧的起点位置，如图所示。

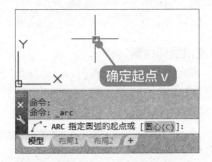

3 确定圆弧圆心

根据命令行提示"ARC 指定圆弧的圆心"信息，移动鼠标指针，至合适位置单击鼠标左键，确定圆弧的圆心，如图所示。

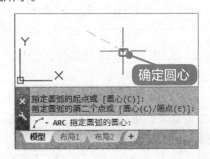

4 确定圆弧端点

根据命令行提示"ARC 指定圆弧的端点"信息，移动鼠标指针，至合适位置单击鼠标左键，确定圆弧的端点，如图所示。

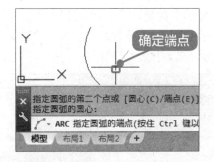

5 完成圆弧绘制

这样即可完成使用"起点、圆心、端点"方式绘制圆弧的操作，如图所示。

> 🔊 **提示**
> 在【功能区】的【默认】选项卡中，单击【绘图】面板中的【圆弧】下拉按钮，在弹出的下拉菜单中，选择【起点，圆心，端点】菜单项，也可以调用圆弧命令，如图所示。
>
>

3.5.3 运用"起点、圆心、角度"方式

使用起点、圆心、角度方式绘制圆弧，首先要确定圆弧的起点和圆心位置，最后确定角度来确定圆弧的弯度，下面介绍在 AutoCAD 2016 中文版中，

运用起点、圆心和角度绘制圆弧的操作方法。

1 调用圆弧命令

新建 AutoCAD 空白文档，在【草图与注释】空间中，在菜单栏中，选择【绘图】菜单，在弹出的下拉菜单中，选择【圆弧】➤【起点、圆心、角度】菜单项，如图所示。

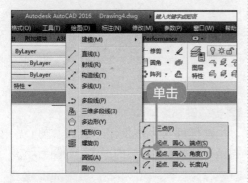

2 确定圆弧起点

返回到绘图区，根据命令行提示"ARC 指定圆弧的起点"信息，在空白处单击鼠标左键，确定要绘制圆弧的起点位置，如图所示。

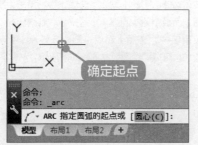

3 确定圆弧的圆心

根据命令行提示"ARC 指定圆弧的圆心"信息，移动鼠标指针，至合适位置单击鼠标左键，确定圆弧的圆心，如图所示。

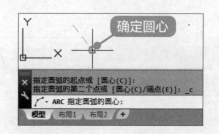

4 确定圆弧角度

根据命令行提示"ARC 指定夹角"信息，移动鼠标指针，至合适的位置单击鼠标左键，确定圆弧的夹角，如图所示。

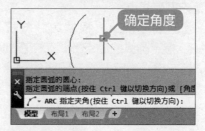

5 完成圆弧绘制

圆弧绘制完成，通过以上步骤，即可完成运用"起点，圆心，角度"方式绘制圆弧的操作，如图所示。

> **提示**
>
> 在绘制圆弧时，可以根据要求，按住键盘上的【Ctrl】键，来改变要绘制的圆弧的方向。

3.5.4 运用"起点、端点、方向"方式

在 AutoCAD 2016 中文版中，可以通过先确定圆弧的起点和端点，再确定圆弧方向的方式来绘制圆弧，下面介绍运用"起点、端点、方向"的方式绘制

圆弧的操作方法。

1 调用圆弧命令

新建 AutoCAD 空白文档，在【草图与注释】空间中，在【功能区】的【默认】选项卡中，单击【绘图】面板中的【圆弧】下拉按钮 圆弧 ，在弹出的下拉菜单中，选择【起点，端点，方向】菜单项，如图所示。

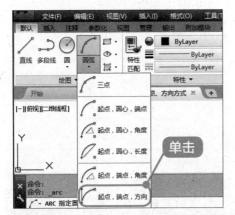

2 确定圆弧起点

返回到绘图区，根据命令行提示"ARC 指定圆弧的起点"信息，在空白处单击鼠标左键，确定要绘制圆弧的起点位置，如图所示。

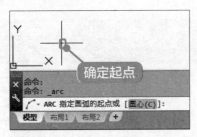

> 📢 提示
>
> 在绘制圆弧时，需要注意起点与端点的顺序，这个顺序决定绘制的圆弧的方向。

3 确定圆弧端点

根据命令行提示"ARC 指定圆弧的端点"信息，移动鼠标指针，至合适位置单击鼠标左键，确定圆弧的端点，如图所示。

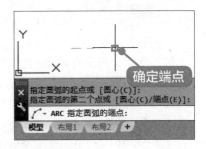

4 确定圆弧方向

根据命令行提示"ARC 指定圆弧起点的相切方向"信息，移动鼠标指针，至合适位置单击鼠标左键，确定圆弧起点的方向，如图所示。

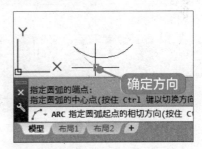

5 完成圆弧绘制

圆弧绘制完成，通过以上步骤，即可完成运用"起点，端点，方向"方式绘制圆弧的操作，如图所示。

> 📢 提示
>
> 另外7种绘制圆弧的方式，分别为：【起点，圆心，长度】、【起点，端点，角度】、【起点，端点，半径】、【圆心，起点，端点】、【圆心，起点，角度】、【圆心，起点，长度】和【连续】方式。

在熟练掌握了圆弧的绘制方法后，就可以开始绘制跟圆弧有关的图形了。比如，使用矩形命令绘制门框后，运用"圆心，起点，角度"的方式绘制出一扇门的开启轨迹，即可获得开着的门的平面图，如下左图所示。再比如使用直线与圆弧命令，即可绘制出吊灯的平面图，如下右图所示。

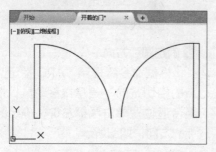
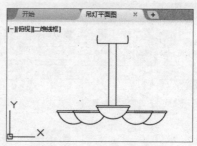

3.6 实战案例——绘制椭圆和椭圆弧

本节学习时间 / 2分16秒

在绘制一些复杂的图形时也常用到椭圆或椭圆弧，本节将详细介绍绘制椭圆和椭圆弧方面的知识与操作技巧。

3.6.1 使用"中心法"绘制椭圆

椭圆是平面上到两定点的距离之和为常值的点的轨迹。在 AutoCAD 2016 中文版中，"中心法"绘制椭圆就是先确定椭圆的中心点，然后确定椭圆的第一个轴的端点，以及第二个轴的长度来创建椭圆，下面介绍具体的操作方法。

1 调用椭圆命令

新建 AutoCAD 空白文档，在【草图与注释】空间中，在【功能区】的【默认】选项卡中，单击【绘图】面板中的【圆心】下拉按钮 ⊙▾，在弹出的下拉菜单中，选择【圆心】菜单项，如图所示。

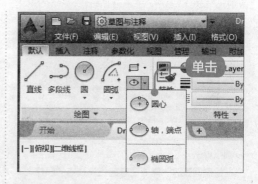

2 确定椭圆中心点

返回到绘图区，根据命令行提示"ELLIPSE 指定椭圆的中心点"信息，在空白处单击鼠标左键，确定要绘制椭圆的中心点位置，如图所示。

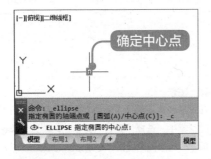

3 确定椭圆端点

根据命令行提示"ELLIPSE 指定轴的端点"信息，移动鼠标指针，至合适位置单击鼠标左键，确定椭圆的端点，如图所示。

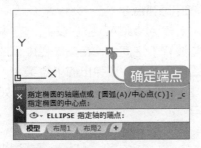

4 确定椭圆半轴长度

根据命令行提示"ELLIPSE 指定另一条半轴长度"信息，移动鼠标指针，至合适位置单击鼠标左键，确定椭圆半轴长度，如图所示。

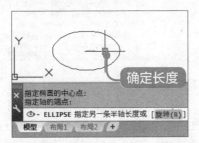

5 完成椭圆绘制

椭圆绘制完成，通过以上步骤，即可完成使用中心法绘制椭圆的操作，如

图所示。

> **提示**
>
> 可以在命令行中输入【椭圆】命令"ELLIPSE"，按下键盘上的【Enter】键，来调用椭圆命令。

3.6.2 使用"轴，端点"方式绘制椭圆

绘制椭圆的另一种方式为"轴，端点"，下面介绍如何使用"轴，端点"的方式绘制椭圆。

1 调用椭圆命令

新建 AutoCAD 空白文档，在【草图与注释】空间中，在【功能区】的【默认】选项卡中，单击【绘图】面板中的【圆心】下拉按钮，在弹出的下拉菜单中选择【轴，端点】菜单项，如图所示。

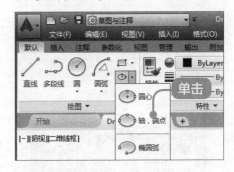

2 确定椭圆轴端点

返回到绘图区，根据命令行提示"ELLIPSE 指定椭圆的轴端点"信息，在空白处单击鼠标左键，确定要绘制椭圆的轴端点位置，如图所示。

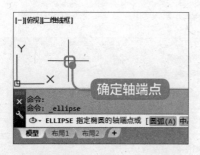

3 确定椭圆端点

根据命令行提示"ELLIPSE 指定轴的另一个端点"信息，移动鼠标指针，至合适位置单击鼠标左键，确定椭圆的另一个端点，如图所示。

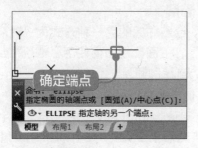

4 确定椭圆半轴长度

根据命令行提示"ELLIPSE 指定另一条半轴长度"信息，移动鼠标指针，至合适位置单击鼠标左键，确定椭圆半轴长度，如图所示。

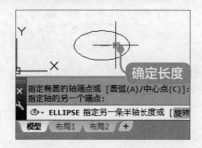

5 完成椭圆绘制

通过以上步骤即可完成使用"轴，端点"方式绘制椭圆的操作，如图所示。

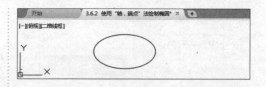

提示

在菜单栏中，选择【绘图】菜单，在弹出的下拉菜单中，选择【椭圆】➤【轴，端点】菜单项，也可以调用椭圆命令来绘制椭圆图形。

3.6.3 绘制椭圆弧

椭圆弧是椭圆的一部分，是指未封闭的椭圆弧线，下面介绍在 AutoCAD 2016 中绘制椭圆弧的操作方法。

1 调用圆弧命令

新建 AutoCAD 空白文档，在【草图与注释】空间中，在菜单栏中，选择【绘图】菜单，在弹出的下拉菜单中，选择【椭圆】➤【圆弧】菜单项，如图所示。

2 确定轴端点

返回到绘图区，根据命令行提示"ELLIPSE 指定椭圆弧的轴端点"，在空白处单击，确定要绘制椭圆弧的轴端点位置，如图所示。

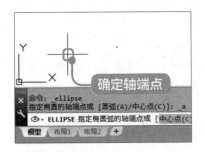

3 确定另一个轴端点

根据命令行提示"ELLIPSE 指定轴的另一个端点",移动鼠标指针,至合适位置单击鼠标左键,确定椭圆弧的另一个端点,如图所示。

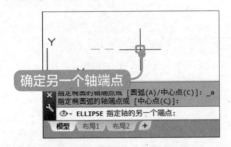

4 确定半轴长度

根据命令行提示"ELLIPSE 指定另一条半轴长度",移动鼠标指针,至合适位置单击鼠标左键,确定椭圆弧半轴长度,如图所示。

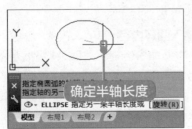

5 确定椭圆弧起点角度

根据命令行提示"ELLIPSE 指定起点角度",在命令行输入椭圆弧的起点角度 120,在键盘上按下【Enter】键,如图所示。

6 确定椭圆弧端点角度

根据命令行提示"ELLIPSE 指定端点角度"信息,在命令行输入椭圆弧的端点角度 270,在键盘上按下【Enter】键,如图所示。

7 椭圆弧效果

椭圆弧绘制完成,通过以上步骤即可完成绘制椭圆弧的操作,如图所示。

> **提示**
>
> 在AutoCAD 2016中文版中,在绘制椭圆弧时,当命令行提示输入"起点角度"和"端点角度"的提示信息时,如果将输入的起点与端点角度设为同一数值,画出的图形将会是椭圆形。

举一反三

在 AutoCAD 2016 中文版中，熟练掌握了椭圆和椭圆弧的绘制方法，那么使用这两个命令可以绘制出哪些图形？

例如，使用椭圆和椭圆弧命令，可以绘制出手柄的平面图，如下左图所示。使用椭圆命令还可以绘制出花瓣图形，例如，运用椭圆、圆和环形阵列命令，可以绘制出花环图案，如下右图所示。

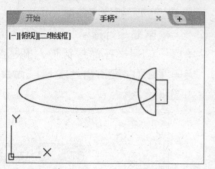
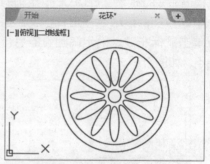

3.7 实战案例——绘制圆环

本节学习时间 / 35 秒

在 AutoCAD 2016 中，圆环是一个空心的圆，由两个圆心相同、半径不同的同心圆组成，下面介绍绘制圆环的操作方法。

1 调用圆环命令

新建 AutoCAD 空白文档，在【草图与注释】空间中，在命令行中输入【圆环】命令 DONUT，按下键盘上的【Enter】键，如图所示。

2 输入圆环内径

根据命令行提示"DONUT 指定圆环的内径"信息，在命令行输入圆环内径值 3，按下键盘上的【Enter】键，如图所示。

③ 输入圆环外径

根据命令行提示"DONUT 指定圆环的外径"信息，在命令行输入圆环的外径值5，按下键盘上的【Enter】键，如图所示。

④ 确定圆环位置

返回到绘图区，在空白处单击鼠标左键绘制圆环，如图所示。

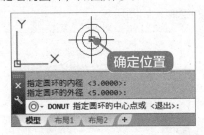

⑤ 圆环效果

圆环绘制完成，在键盘上按下【Esc】键，退出圆环命令，即可完成绘制圆环的操作，如图所示。

📢 提示

在绘制圆环时，如果将圆环的内径设置为0，绘制的圆环则变为填充圆。

如果要绘制不带填充的圆环，可以在绘制圆环之前，在命令行输入【FILL】命令并按下【Enter】键，当出现"输入模式【开（ON）关（OFF）】"信息时，在命令行输入OFF命令并按【Enter】键，绘制的圆环即为不填充的圆环。

举一反三

在日常的生活和工作中，经常会看到各种各样的按钮，如警报按钮、控制按钮等。这时使用圆环命令，就可以将它们的平面图绘制出来，如下左图所示。

在机械行业制图中，运用圆环和圆命令，可以绘制出零件挡圈的平面图，如下右图所示。

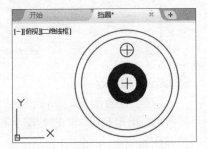

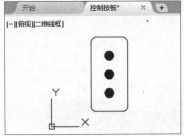

3.8 实战案例——绘制简单的二维图形

本节学习时间 / 4 分 07 秒 🎬

通过本章的学习，用户已经基本掌握 AutoCAD 2016 中文版绘制二维图形方面的知识与操作技巧。利用本章所学知识，可以进行简单的图形绘制，下面综合本章所学知识，介绍一些简单二维图形绘制的案例。

3.8.1 绘制指北针

运用本章所学的知识，使用多段线命令和圆命令绘制指北针的平面图，下面介绍具体的操作方法。

1 调用圆命令

新建 AutoCAD 空白文档，在【草图与注释】空间中，在【功能区】的【默认】选项卡中，单击【绘图】面板中的【圆】下拉按钮 ⬛圆，在弹出的下拉菜单中，选择【圆心，半径】菜单项，如图所示。

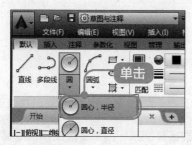

2 确定圆心位置

返回到绘图区，根据命令行提示"CIRCLE 指定圆的圆心"信息，在空白处单击鼠标左键，确定要绘制圆的圆心位置，如图所示。

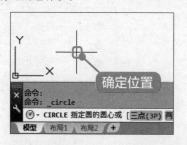

3 确定圆半径

根据命令行提示"CIRCLE 指定圆的半径"信息，在命令行中输入圆的半径值 24，按下键盘上的【Enter】键，完成圆的绘制，如图所示。

4 调用多段线命令

在【功能区】中，选择【默认】选项卡，在【绘图】面板中，单击【多段线】按钮 ⬛，如图所示。

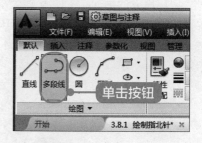

5 确定多段线起点

返回到绘图区，根据命令行提示"PLINE 指定起点"，捕捉圆上的一个象限点作为起点，如图所示。

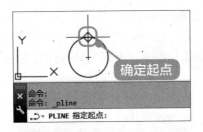

6 激活宽度命令

根据命令行提示"PLINE 指定下一个点"信息，在命令行中输入 W，按下键盘上的【Enter】键，激活【宽度】命令，如图所示。

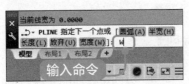

7 确定多段线起点宽度

根据命令行提示"PLINE 指定起点宽度"信息，在命令行输入 0，按下键盘上的【Enter】键，如图所示。

8 确定多段线端点宽度

根据命令行提示"PLINE 指定端点宽度"信息，在命令行输入 8，按下键盘上的【Enter】键，如图所示。

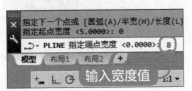

9 确定多段线端点

返回到绘图区，根据命令行提示

"PLINE 指定下一个点"，捕捉圆上的另一个象限点作为端点，如图所示。

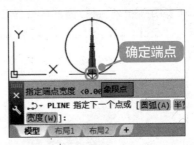

10 指北针效果

在键盘上按下【Esc】键退出多段线命令，这样即可完成绘制指北针的操作，如图所示。

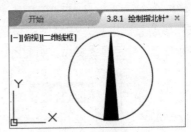

3.8.2 绘制传动轴

运用本章所学的知识，使用直线命令和圆命令绘制传动轴的平面图，下面介绍具体的操作方法。

1 调用直线命令

新建 AutoCAD 空白文档，在【草图与注释】空间中，在【功能区】的【默认】选项卡中，单击【绘图】面板中的【直线】按钮，如图所示。

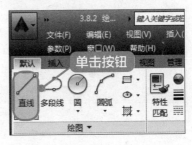

2 确定直线起点

返回到绘图区，根据命令行提示"LINE 指定第一个点"信息，在空白处单击鼠标左键，确定要绘制直线的起点，如图所示。

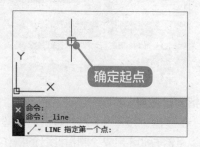

3 确定直线终点

根据命令行提示"LINE 指定下一点"信息，移动鼠标指针，在合适的位置单击鼠标左键，确定直线终点，如图所示。

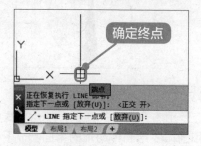

4 绘制第二条直线

按下键盘上的【Enter】键完成直线的绘制，使用同样方法，以绘制的直线的端点为起点，再绘制一条直线，如图所示。

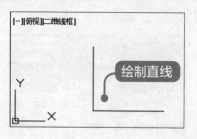

5 调用圆命令

在【功能区】的【默认】选项卡中，单击【绘图】面板中的【圆】下拉按钮，在弹出的下拉菜单中，选择【圆心，半径】菜单项，如图所示。

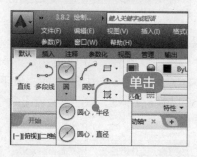

6 绘制圆

根据命令行提示"CIRCLE 指定圆的圆心"信息，以两条直线的交点为圆心，绘制一个圆，如图所示。

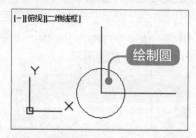

7 绘制第二个圆

使用同样的方法，再绘制一个较小的圆，如图所示。

8 绘制直线上端点的圆

重复步骤 6~ 步骤 7 的操作，以垂直直线的上端点为圆心，绘制两个大小不同的圆，如图所示。

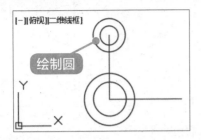

9 绘制直线右端点的圆

重复步骤6~步骤7的操作，以水平直线的右端点为圆心，绘制两个大小不同的圆，如图所示。

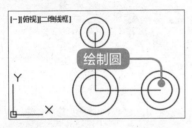

10 绘制切线

使对象捕捉模式只选择切点，调用直线命令，对绘制的三个方向的外圆进行切线连接，如图所示。

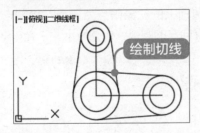

11 删除多余部分，完成绘制

使用【修剪】命令将两条相切的切线的多余部分修剪掉，删除水平与垂直直线，这样即可完成绘制传动轴的操作，如图所示。

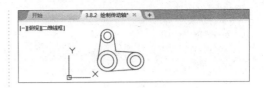

> **提示**
>
> 在绘制直线时，建议开启正交功能。在绘制直线、圆时，可以根据绘图需要，以具体的数值作为长度和半径。

3.8.3 绘制水杯

运用本章所学的知识，使用椭圆和圆弧命令可以绘制出水杯的平面图，下面介绍具体的操作方法。

1 调用直线命令

新建 AutoCAD 空白文档，在【草图与注释】空间中，在【功能区】的【默认】选项卡中，单击【绘图】面板中的【直线】按钮 ，如图所示。

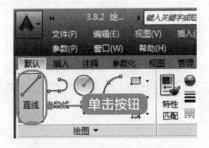

2 绘制直线

返回到绘图区，开启正交功能，在空白处单击鼠标左键，确定直线的起点，移动鼠标指针至合适位置，释放鼠标左键，绘制一条直线，如图所示。

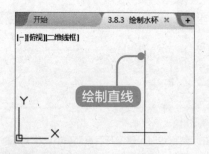

3 调用椭圆命令

在【功能区】的【默认】选项卡中，单击【绘图】面板中的【圆心】下拉按钮 ⊙▾ ，在弹出的下拉菜单中，选择【圆心】菜单项，如图所示。

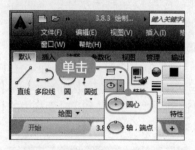

4 绘制大椭圆

根据命令行提示，选取直线上的一点作为椭圆的圆心，向右移动鼠标指针，确定椭圆的半径，绘制一个椭圆，如图所示。

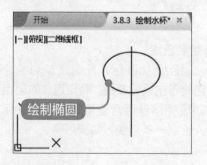

5 绘制小椭圆

再次调用椭圆命令，重复步骤 4 的操作，在绘制的椭圆下方，绘制一个小的椭圆，如图所示。

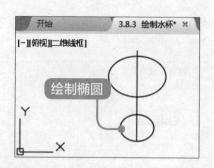

6 调用圆弧命令

在【绘图】面板中，单击【圆弧】下拉菜单中的【起点，端点，方向】菜单项，如图所示。

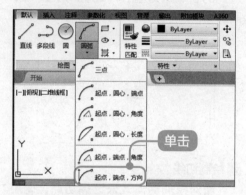

7 绘制左侧的圆弧

以大椭圆上的左象限点为起点，以小椭圆上的左象限点为端点，绘制一条弧度向左的圆弧，如图所示。

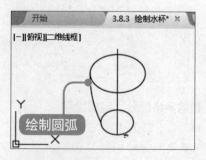

8 绘制右侧的圆弧

再次调用圆弧命令，以大椭圆上的右象限点为起点，以小椭圆上的右象限点为端点，绘制一条弧度向右的圆弧，如图所示。

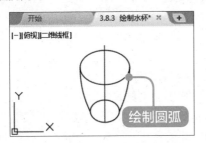

⑨ **绘制水杯效果**

删除绘制的直线，通过以上步骤即可完成绘制水杯的操作，如图所示。

举一反三

复杂图形的绘制并不难操作，通常是将多个简单的二维图形组合在一起，作为新的图形，如图所示。

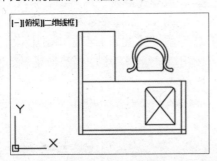

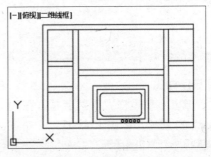

高手私房菜

本节将介绍多个操作技巧，包括新建多线样式和绘制螺旋的具体方法，帮助读者学习与快速提高。

技巧1 · 新建多线样式

在 AutoCAD 2016 中文版中，默认情况下，多线为两条直线。如果要设置多线的封口、填充颜色等属性，可以通过多线样式来设置，下面将详细介绍新建多线样式的操作方法。

1 选择多线菜单项

新建 AutoCAD 空白文档，在【草图与注释】空间中，在菜单栏中，选择【格式】菜单，在弹出的下拉菜单中，选择【多线样式】菜单项，如图所示。

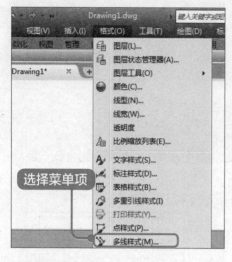

2 新建样式

弹出【多线样式】对话框，在对话框的右侧单击【新建】按钮 新建(N)... ，如图所示。

提示

STANDARD格式为系统中默认的多线样式，可以对其进行修改。

3 设置样式名称

弹出【创建新的多线样式】对话框，在【新样式名】文本框中，输入新样式的名称：样式1，单击【继续】按钮 继续 ，如图所示。

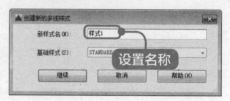

4 设置样式参数

弹出【新建多线样式：样式1】对话框，在【图元】区域，单击【添加】按钮 添加(A) ，增加线条数量，如图所示。

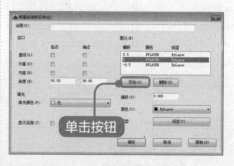

5 设置线条颜色

在【颜色】下拉列表框中，设置添加的线条颜色，单击【确定】按钮 确定 ，如图所示。

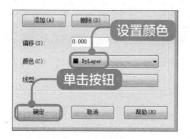

提示

除了可以新建多样式，还可以对现有和新建的样式进行修改、删除和重命名等操作。

6 多线样式创建完成

返回到【多线样式】对话框，单击【确定】按钮 ，即可完成新建多线样式的操作，如图所示。

技巧2 • 绘制螺旋

在机械和建筑制图中会经常用到螺旋功能，一般使用该功能创建弹簧、螺纹和环形楼梯等，下面介绍在AutoCAD 2016 中文版中绘制螺旋的操作方法。

1 调用螺旋命令

新建 AutoCAD 空白文档，在【草图与注释】空间中，在【功能区】中，选择【默认】选项卡，在【绘图】面板中，单击【螺旋】按钮 ，如图所示。

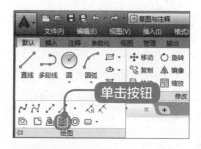

2 确定螺旋中心点

返回到绘图区，根据命令行提示"HELIX 指定底面的中心点"，在空白处单击鼠标左键，确定要绘制螺旋的底面中心点，如图所示。

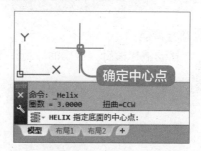

3 确定底面半径

移动鼠标指针，根据命令行提示"HELIX 指定底面半径"，在指定位置单击鼠标左键，确定螺旋的底面半径，如图所示。

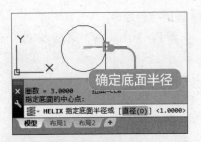

4 确定顶面半径

移动鼠标指针，根据命令行提示"HELIX 指定顶面半径"，在指定位置单击鼠标左键，确定螺旋的顶面半径，如图所示。

5 确定高度

移动鼠标指针，根据命令行提示

"HELIX 指定螺旋高度"，在指定位置单击鼠标左键，确定螺旋的高度，如图所示。

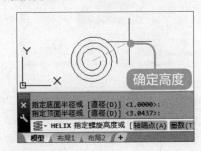

6 螺旋效果

螺旋绘制完成，通过以上步骤即可完成绘制螺旋的操作，如图所示。

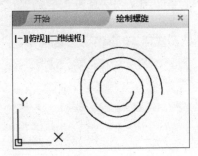

第 4 章

编辑二维图形对象

本章视频教学时间 / 6 分 43 秒

重点导读

本章主要介绍了选择图形对象、移动与删除对象以及创建对象副本方面的知识与操作技巧，同时还讲解了调整图形对象大小的方法。通过本章的学习，读者可以掌握编辑二维图形对象方面的知识，为深入学习 AutoCAD 2016 奠定基础。

本章主要知识点

✓ 实战案例——选择图形对象

✓ 实战案例——移动与删除对象

✓ 实战案例——创建对象副本

✓ 实战案例——调整图形对象大小

4.1 实战案例——选择图形对象

本节学习时间 / 2 分 11 秒

对于已经绘制完成的二维图形，如果要对其进行编辑和修改，需要先选择该图形。选择图形包括选择单个对象、选择多个对象、套索选择和快速选择等操作，本节将介绍选择图形方面的知识与操作方法。

4.1.1 选择单个对象

在 AutoCAD 2016 中文版中，对单个图形对象进行修改或编辑时，可以将鼠标指针移动到要选择的图形对象上，然后单击选中该图形对象，下面将介绍选择单个对象的操作方法。

1 选择图形

在【草图与注释】空间中，在绘图区中，将鼠标指针移到要选择的图形上，单击鼠标左键，如图所示。

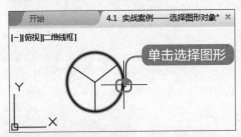

2 单个对象选择效果

在绘图窗口中图形已经被选中，通过以上方法即可完成选择单个对象的操作，如图所示。

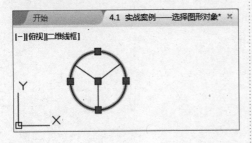

> **提示**
>
> 在按住键盘上的【Shift】键的同时，单击已选中的单个对象，可以取消当前选择的对象。若按下键盘上的【Esc】键，则可以取消当前选定的全部对象。

4.1.2 选择多个对象

在编辑和修改多个对象之前，需要先选择这些对象。在 AutoCAD 2016 中文版中，选择多个对象的方式包括窗选、叉选等，下面介绍选择多个对象的操作方法。

1. 窗选

窗选即窗口选择，指窗口从左向右定义矩形来选择图形对象，只有全部位于矩形窗口中的图形对象才能被选中，与窗口相交或位于窗口外部的则不被选中，下面介绍窗选多个对象的操作方法。

1 选择图形

在【草图与注释】空间中，在绘图区中，从左上角单击鼠标左键，并拖动至准备选择图形的右下角，如图所示。

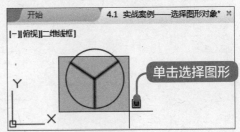

2 窗选效果

释放鼠标左键，可以看到绘图窗口中的图形已经被选中，通过以上方法即可完成窗选多个对象的操作，如图所示。

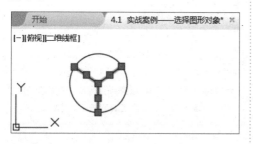

2. 叉选

叉选即交叉窗口选择，与窗交方式相反，指窗口从右向左定义矩形来选择图形对象，无论与窗口相交还是全部位于窗口的对象，都会被选择，下面介绍叉选多个对象的操作方法。

1 选择图形

在【草图与注释】空间中，在绘图区中，从右下角单击鼠标左键，并拖动至准备选择图形的左上角，如图所示。

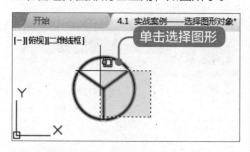

2 叉选效果

释放鼠标左键，在绘图窗口中图形已经被选中，通过以上方法即可完成叉选多个对象的操作，如图所示。

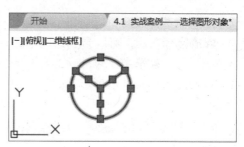

> **提示**
>
> 窗选对象拉出的选择窗口为蓝色的实线框，叉选对象拉出的选择窗口为绿色的虚线框。对于选择少量多个对象时，可以通过连续单击要选择的对象，来选择多个对象。

4.1.3 套索选择

套索选择是 AutoCAD 软件新增加的功能，根据拖动方向的不同，套索选择分为窗口套索选择和窗交套索选择两种。下面具体介绍这两种套索选择对象的方式。

1. 窗口套索

在 AutoCAD 2016 中文版中，将鼠标指针按顺时针方向拖动，即为窗口套索选择方式。下面介绍使用窗口套索选择对象的操作方法。

1 选择图形

在【草图与注释】空间中，在绘图区的空白处，围绕图形对象，单击并按顺时针拖动，生成套索选区，如图所示。

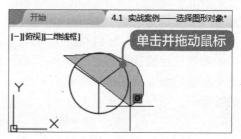

2 窗口套索选择效果

释放鼠标左键，可以看到绘图窗口中的图形已经被选中，通过以上方法即可完成使用窗口套索选择对象的操作，如图所示。

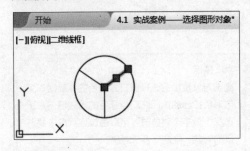

2. 窗交套索

在 AutoCAD 2016 中文版中，将鼠标指针按逆时针方向拖动，即为窗交套索选择方式。下面介绍使用窗交套索选择对象的操作方法。

1 选择图形

在【草图与注释】空间中，在绘图区的空白处，围绕图形对象，单击并按逆时针拖动，生成套索选区，如图所示。

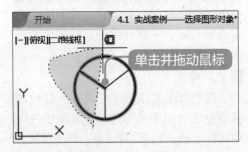

2 窗交套索选择效果

释放鼠标左键，可以看到绘图窗口中的图形已经被选中，通过以上方法即可完成使用窗交套索选择对象的操作，如图所示。

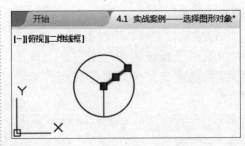

> **提示**
> 窗交套索选择方法可以选择包含在内或相交的图形对象，这一点与窗口套索选择不同。

4.1.4 快速选择图形对象

快速选择是根据对象的特性，如颜色、图层、线型和线宽等，快速选择出一个或多个对象的功能，下面将介绍快速选择对象的使用方法。

1 选择【快速选择】菜单

在 AutoCAD 2016 中文版中，打开素材文件，在【草图与注释】空间中，在菜单栏中，选择【工具】菜单，在弹出的下拉菜单中，选择【快速选择】菜单项，如图所示。

2 设置选择条件

弹出【快速选择】对话框，在【对

象类型】下拉列表中，选择【直线】选项，在【特性】列表框中，选择【颜色】选项，在【值】下拉列表框中，选择红色，单击【确定】按钮 确定 ，如图所示。

3 快速选择效果

返回到绘图区，可以看到满足快速选择设置条件的对象被选中，通过以上步骤即可完成快速选择对象的操作，如图所示。

举一反三

在 AutoCAD 2016 中文版中，如果要选择全部图形，可以在键盘上按下【Ctrl+A】组合键，也可以在【默认】选项卡中的【实用工具】面板中，单击【全部选择】按钮，如下图所示。

在【快速选择】对话框中，选择要更改的图形特性，可以对图形的属性进行修改，如下图所示。

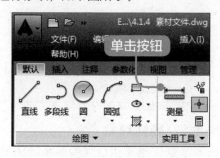

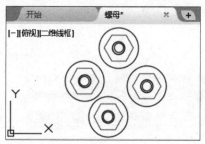

4.2 实战案例——移动与删除对象

本节学习时间 / 56 秒

移动与删除是在绘制图形的过程中需要经常使用的操作，本节将介绍移动与删除对象方面的知识。

4.2.1 移动图形对象

可以将图形对象按照指定的角度和方向进行移动，在移动的过程中图形对象大小保持不变，下面介绍移动对象的操作方法。

1 调用移动命令

新建空白文档并绘制多边形，在【草图与注释】空间中，在【功能区】中，选择【默认】选项卡，在【修改】面板中，单击【移动】按钮 ✥，如图所示。

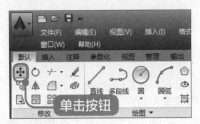

2 选择图形

返回到绘图区，根据命令行提示"MOVE 选择对象"信息，单击选中要移动的图形对象，如图所示。

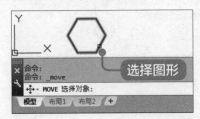

3 确定基点

按下键盘上的【Enter】键结束选择对象操作，根据命令行提示"MOVE 指定基点"信息，在合适位置单击鼠标左键，确定基点，如图所示。

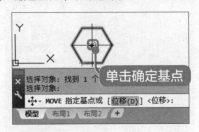

4 移动图形效果

根据命令行提示"MOVE 指定第二个点"信息，移动鼠标指针，至合适位置释放鼠标左键，即可完成移动对象的操作，如图所示。

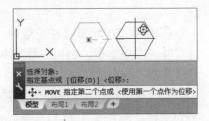

> **提示**
> 在菜单栏中，选择【修改】➢【移动】菜单项，或是在命令行输入【MOVE】或【M】命令，都可以调用移动命令。

4.2.2 删除对象

对于绘制错误或者多余的图形，可以将其删除，选中要删除的图形对象，在菜单栏中，选择【修改】➢【删除】菜单项，即可删除图形对象，如图所示。

> **提示**
>
> 选择【默认】选项卡，在【实用工具】面板中，单击【删除】按钮，或在键盘上按下【Delete】键，也可删除图形对象。

举一反三

　　在绘制图形的过程中，一些图形可能在绘制时没有与对应的图形连接上，这时可以使用移动命令将其移动到合适位置，并进行完善，如下左图所示。而删除功能，可以在绘图完成后，用作删除辅助线使用，如下右图所示。

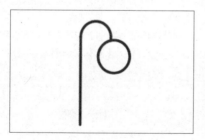

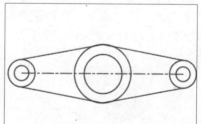

4.3 实战案例——创建对象副本

本节学习时间 / 1分24秒

　　在 AutoCAD 2016 中文版中，可以根据工作需要，为图形对象创建一个相同的副本，创建对象副本包括复制对象和镜像对象等，本节将介绍创建对象副本方面的知识与操作技巧。

4.3.1 复制图形对象

在实际绘图的过程中，用户可以复制已创建的图形对象，来提高绘图速度与准确性，下面介绍复制图形对象的操作方法。

1 调用复制命令

新建 AutoCAD 空白文档，并绘制图形，在【草图与注释】空间中，在【功能区】中，选择【默认】选项卡，在【修改】面板中，单击【复制】按钮，如图所示。

2 选择图形

返回到绘图区，根据命令行提示"COPY 选择对象"信息，使用窗选方式，选择准备复制的对象，如图所示。

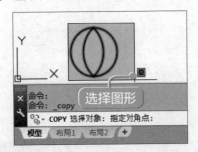

3 确定基点

按下键盘上的【Enter】键结束选择对象操作，根据命令行提示"COPY 指定基点"信息，在指定的基点位置，单击鼠标左键，如图所示。

4 完成复制

根据命令行提示"COPY 指定第二个点"信息，移动鼠标指针，在合适位置释放鼠标左键，确定第二点，在键盘上按下【Esc】键退出复制命令，即可完成复制图形对象的操作，如图所示。

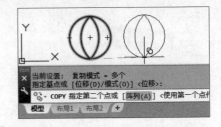

> **提示**
> 在复制图形对象时，指定复制的基点后，可以在命令行输入【阵列】选项命令A，对图形进行阵列复制。

4.3.2 镜像图形对象

镜像图形对象是以图形上的某个点为基点，通过镜像功能生成一个与源图形相对称的图形副本，并且在生成图形副本后，可以选择是否保留源图形。下面介绍镜像图形对象的操作方法。

1 调用镜像命令

在 AutoCAD 2016 中文版中，打开素材文件，在【草图与注释】空间中，在【功能区】中，选择【默认】选项卡，在【修改】面板中，单击【镜像】按钮

◢◣，如图所示。

2 选择图形

返回到绘图区，根据命令行提示"MIRROR选择对象"信息，选择准备镜像的对象，如图所示。

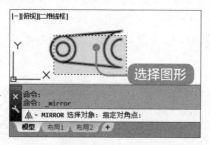

3 确定镜像第一点

按下键盘上的【Enter】键结束选择对象操作，根据命令行提示"MIRROR指定镜像线的第一点"，在指定的位置单击鼠标左键，确定第一点，如图所示。

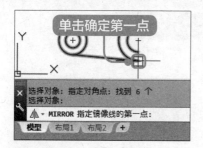

4 确定第二点

根据命令行提示"MIRROR指定镜像线的第二点"信息，移动鼠标指针，在合适位置单击鼠标左键，确定镜像线的第二点，如图所示。

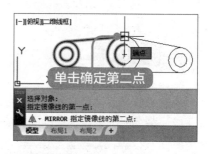

5 确认删除选项

根据命令行提示"MIRROR要删除源对象吗？"的信息，按下键盘上的【Enter】键，选择系统默认选项【否】，如图所示。

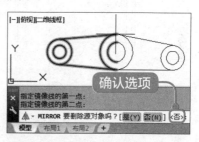

6 镜像图形效果

镜像图形完成，通过以上步骤即可完成镜像图形对象的操作，如图所示。

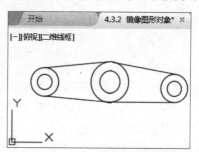

> 📢 提示
>
> 在菜单栏中，选择【修改】菜单，在弹出的下拉菜单中，选择【镜像】菜单项，或者在命令行中输入【MIRROR】或【MI】命令，按下键盘上的【Enter】键，来调用镜像命令。

熟悉并掌握了复制和镜像命令的使用方法，就可以很轻松地对例如图案、花纹、装饰品等需要很多相同数量的图形进行绘制了，如图所示。

4.4 实战案例——调整图形对象大小

本节学习时间 / 3 分

在 AutoCAD 2016 中文版中，可以对已创建的图形对象进行调整，包括拉长对象、拉伸对象、缩放对象、旋转对象和偏移对象等，本节将重点介绍调整图形对象大小方面的知识与操作技巧。

4.4.1 拉长对象

在 AutoCAD 2016 中文版中，使用拉长命令，可以调整图形对象的长短，使其在一个方向上延长或缩短，下面介绍拉长对象的操作方法。

1 调用【拉长】命令

新建空白文档并绘制图形，在【草图与注释】空间中，在菜单栏中，选择【修改】菜单，在弹出的下拉菜单中，选择【拉长】菜单项，如图所示。

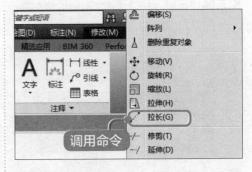

2 激活总计命令

在命令行输入【总计】选项命令 T，激活"输入对象的总长度来改变对象的长度"选项，按下键盘上的【Enter】键，如图所示。

3 设置长度

根据命令行提示"LENGTHEN 指定总长度"信息，在命令行中输入长度值，如 30，按下键盘上的【Enter】键，如图所示。

4 选择图形

返回到绘图区，根据命令行提示"LENGTHEN 选择要修改的对象"信息，单击鼠标左键选中对象，如图所示。

5 拉长对象效果

在键盘上按下【Esc】键结束拉长命令，选中的图形对象被拉长，通过以上步骤即可完成拉长对象的操作，如图所示。

提示

在调用【拉长】命令后，当输入的总长度值小于图形的长度时，图形对象将被执行缩短操作。

4.4.2 拉伸对象

在 AutoCAD 2016 中文版中，拉伸对象是指对以交叉窗口或交叉多边形选择的对象进行的操作，但圆、椭圆和块这些类型的图形是无法进行拉伸的，下面将详细介绍拉伸对象的操作方法。

1 调用拉伸命令

新建空白文档并绘制图形，在【草图与注释】空间中，在【功能区】中，选择【默认】选项卡，在【修改】面板中，单击【拉伸】按钮，如图所示。

2 选择图形

返回到绘图区，根据命令行提示"STRETCH 选择对象"信息，使用叉选的方式，选择要拉伸的图形对象，如图所示。

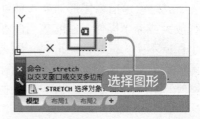

3 指定基点

按下键盘上的【Enter】键结束选择对象操作，根据命令行提示"STRETCH

指定基点"信息，在图形上单击鼠标左键，确定基点位置，如图所示。

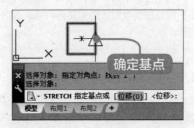

4 完成拉伸操作

根据命令行提示"STRETCH 指定第二个点"信息，移动鼠标指针，移至合适位置释放鼠标左键，确定第二个点，完成操作，这样即可完成拉伸对象的操作，如图所示。

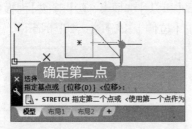

📢 **提示**

在对图形进行拉伸操作时，只有通过窗选和叉选选择的对象才能进行拉伸操作，通过单击和窗口选择的图形只能进行平移操作。

4.4.3 缩放对象

缩放对象是指将图形对象按照比例进行放大或缩小操作，使缩放后的图形大小保持不变。在缩放图形时，即可输入具体的缩放参数，也可以使用鼠标确定缩放范围。下面以放大图形对象为例，介绍缩放图形对象的操作方法。

1 调用缩放命令

新建空白文档并绘制图形，在【草图与注释】空间中，在菜单栏中，选择

【修改】菜单，在弹出的下拉菜单中，选择【缩放】菜单项，如图所示。

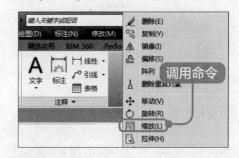

2 选择图形

返回到绘图区，根据命令行提示"SCALE 选择对象"，使用叉选方式选择要缩放的图形对象，如图所示。

3 确定基点

按下键盘上的【Enter】键结束选择对象操作，根据命令行提示"SCALE 指定基点"，在合适位置单击鼠标左键，确定基点，如图所示。

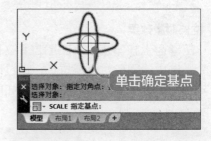

4 完成缩放操作

根据命令行提示"SCALE 指定比例因子"信息，移动鼠标指针，至合适位置释放鼠标左键，即可完成缩放对象的

操作，如图所示。

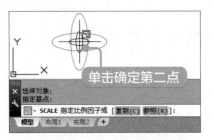

4.4.4 旋转对象

在 AutoCAD 2016 中文版中，旋转对象是指以图形对象上的某点为基点，将图形进行一定角度的旋转。下面介绍旋转对象的操作方法。

1 调用缩放命令

新建 AutoCAD 空白文档并绘制图形，在【草图与注释】空间中，在【功能区】的【默认】选项卡中，在【修改】面板中，单击【旋转】按钮，如图所示。

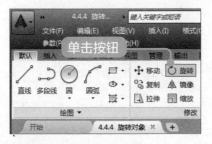

2 选择对象

返回到绘图区，根据命令行提示"ROTATE 选择对象"信息，在图形上单击鼠标左键，选择要旋转的图形对象，如图所示。

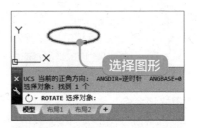

3 确定基点

按下键盘上的【Enter】键结束选择对象操作，根据命令行提示"ROTATE 指定基点"信息，在图形上单击鼠标左键，确定旋转基点，如图所示。

4 完成旋转操作

根据命令行提示"ROTATE 指定旋转角度"信息，移动鼠标指针至合适位置，释放鼠标左键，确定旋转角度，这样即可完成旋转对象的操作，如图所示。

4.4.5 偏移对象

在 AutoCAD 2016 中文版中，偏移

对象是指按照一定距离，在源对象附近创建一个副本对象，偏移的对象包括圆、矩形、直线、圆弧等。下面以圆为例，介绍偏移对象的操作方法。

1 调用偏移命令

新建 AutoCAD 空白文档并绘制圆形，在【草图与注释】空间中，在命令行中输入【偏移】命令 OFFSET，按下键盘上的【Enter】键，如图所示。

2 输入偏移距离

根据命令行提示"OFFSET 指定偏移距离"信息，在命令行中输入 2，按下键盘上的【Enter】键，如图所示。

3 选择对象

返回到绘图区，根据命令行提示"OFFSET 选择要偏移的对象"信息，在图形上单击鼠标左键选择对象，如图所示。

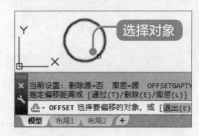

4 完成偏移操作

根据命令行提示"指定要偏移的那一侧上的点"信息，移动鼠标指针，在合适位置单击鼠标左键，按下键盘上的【Esc】键退出偏移命令，这样即可完成偏移对象的操作，如图所示。

举一反三

在掌握了调整图形对象大小的这些命令后，会让图形的绘制更加快捷、方便。如利用矩形、圆弧和偏移命令可以绘制出台灯的平面图，如下左图所示。

运用偏移、矩形、旋转命令可以绘制出非常美观的装饰图案，如下右图所示。

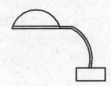

4.5 实战案例——绘制复杂的二维图形

本节学习时间 / 3分12秒

利用本章所学知识，可以进行简单的图形绘制，下面综合本章所学知识，介绍一些复杂二维图形绘制的案例。

4.5.1 绘制吊灯

下面介绍运用复制与旋转命令绘制吊灯其他叶片的操作方法。

1 调用复制命令

打开"4.5.1　绘制吊灯.dwg"素材文件，在【功能区】中，选择【默认】选项卡，在【修改】面板中，单击【复制】按钮，如图所示。

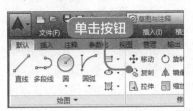

2 选择图形

返回到绘图区，使用叉选方式，选择吊灯的叶片，如图所示。

3 确定基点

在键盘上按下【Enter】键结束选择操作，根据命令行提示，以圆心处为基点，单击鼠标左键，如图所示。

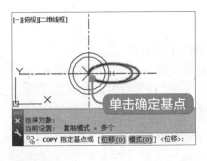

4 复制图形

根据命令行提示，在圆心处连续单击三次，复制三个图形，按下键盘上的【Esc】键，完成复制操作，如图所示。

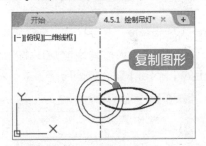

5 调用旋转命令

在【功能区】的【默认】选项卡中，在【修改】面板中，单击【旋转】按钮，如图所示。

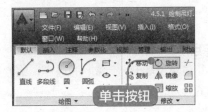

6 选择图形

根据命令行提示，选择其中一个叶片，如图所示。

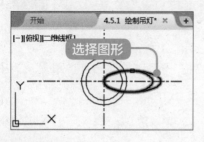

7 确定旋转基点

按下键盘上的【Enter】键结束选择图形操作，以圆心为基点单击鼠标左键，如图所示。

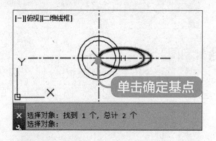

8 输入旋转角度

在命令行输入旋转角度90，按下键盘上的【Enter】键，如图所示。

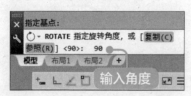

> **提示**
>
> 可以在辅助线上单击鼠标左键，确定旋转角度。

9 绘制其他叶片

重复步骤5~步骤8的操作，绘制其他的叶片，如图所示。

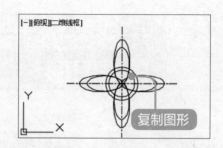

10 吊灯效果

删除辅助线，即可完成绘制吊灯的操作，如图所示。

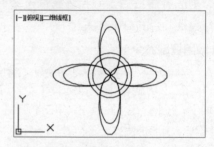

4.5.2 绘制简单的门

在 AutoCAD 2016 中，使用偏移功能可以很精确地复制固定距离的图形，下面介绍使用偏移绘制门的操作方法。

1 调用矩形命令

新建 AutoCAD 空白文档，在【草图与注释】空间中，在菜单栏中，选择【绘图】菜单，在弹出的下拉菜单中，选择【矩形】菜单项，如图所示。

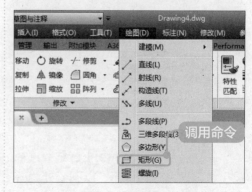

2 绘制矩形

返回到绘图区，在空白处单击鼠标，确定矩形的第一个角点与第二个角点，绘制一个矩形，如图所示。

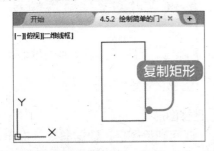

3 调用偏移命令

在【功能区】中，选择【默认】选项卡，在【修改】面板中，单击【偏移】按钮，如图所示。

4 输入偏移距离

根据命令行提示，在命令行中输入距离2，按下键盘上的【Enter】键，确定偏移距离，如图所示。

5 选择图形

返回到绘图区，根据命令行提示，在图形上单击鼠标左键选择对象，如图所示。

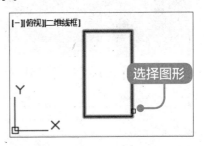

6 偏移图形

根据命令行提示，移动鼠标指针，至合适位置单击鼠标左键，确定偏移点，如图所示。

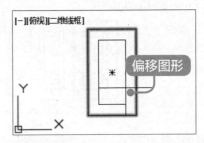

7 再次偏移图形

按下键盘上的【Esc】键退出偏移命令，再次按下【Enter】键，重复调用【偏移】命令，设置偏移距离为1，偏移图形，如图所示。

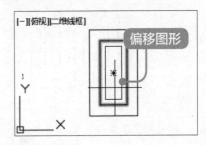

8 调用镜像命令

按下键盘上的【Esc】键退出偏移命令，在【修改】面板中，单击【镜像】按钮，如图所示。

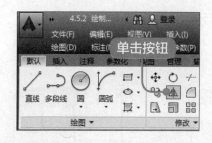

9 镜像图形

选中所有图形，以最外侧的矩形上下两个角点为镜像点，镜像图形，如图所示。

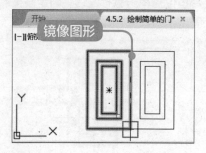

10 门效果

根据命令行提示，在键盘上按下【Enter】键，完成镜像操作，这样即可完成绘制简单的门的操作，如图所示。

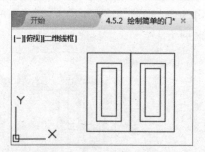

4.5.3 绘制双头扳手

下面介绍利用镜像命令绘制双头扳手的操作方法。

1 调用矩形命令

打开"扳手.dwg"素材文件，在【草图与注释】空间中，在【功能区】中，

选择【默认】选项卡，在【修改】面板中，单击【镜像】按钮，如图所示。

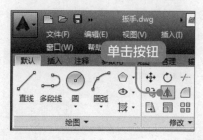

2 选择图形

返回到绘图区，根据命令行提示，使用叉选方式，选择要镜像的图形，如图所示。

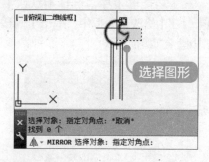

3 确定镜像第一点

在键盘上按下【Enter】键结束选择图形操作，根据命令行提示，在镜像线的第一点处单击鼠标左键，如图所示。

4 确定镜像第二点

根据命令行提示，在确定镜像线的第二点处单击鼠标左键，如图所示。

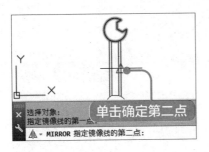

5 确定删除选项

根据命令行提示"MIRROR 要删除源对象吗？"的信息，按下键盘上的【Enter】键，选择系统默认选项【否】，如图所示。

6 图形效果

此时可以看到图形镜像后的效果，通过以上步骤即可完成绘制双头扳手的操作，旋转后的图形效果如图所示。

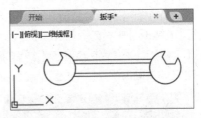

复杂二维图形的绘制，需要多个命令相互配合，运用得当可以绘制出很多物品的平面图，如下图所示。

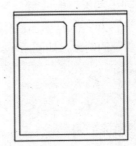

本节将介绍阵列复制图形的具体操作方法，帮助读者学习与快速提高。

技巧 • 阵列复制图形

在 AutoCAD 2016 中文版中，有时需要绘制多个相同的图形，这时可以使用复制功能中的阵列选项来实现，下面将介绍阵列复制图形的操作方法。

1 调用复制命令

打开"阵列复制图形.dwg"素材文件，在【草图与注释】空间中，在【功能区】中，选择【默认】选项卡，在【修改】面板中，单击【复制】按钮，如图所示。

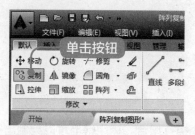

2 选择图形

返回到绘图区，根据命令行提示"COPY 选择对象"，单击鼠标左键选择准备复制的对象，如图所示。

3 确定基点

按下键盘上的【Enter】键结束选择对象操作，根据命令行提示，在指定的基点位置单击鼠标左键，如图所示。

4 激活阵列命令

根据命令行提示，在命令行输入【阵列】选项命令 A，按下键盘上的【Enter】键，如图所示。

5 设置阵列参数

根据命令行提示，在命令行输入阵列的数量，如 5，按下键盘上的【Enter】键，如图所示。

6 图形效果

在指定位置单击，确定阵列第二点，在键盘上按下【Esc】键，即可完成阵列复制图形的操作，如图所示。

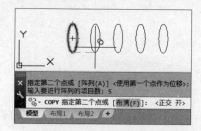

第 5 章

二维图形对象高级设置

本章视频教学时间 / 11 分 50 秒

重点导读

本章主要介绍了阵列、修剪与延伸、分解与打断以及圆角与倒角方面的知识和操作技巧，同时还讲解了合并图形与夹点编辑方面的知识与操作方法。通过本章的学习，读者可以掌握二维图形对象高级设置方面的知识，为深入学习 AutoCAD 2016 奠定基础。

本章主要知识点

- ✓ 实战案例——阵列
- ✓ 实战案例——修剪与延伸
- ✓ 实战案例——分解与打断
- ✓ 实战案例——圆角与倒角
- ✓ 实战案例——合并图形
- ✓ 实战案例——夹点编辑

5.1 实战案例——阵列

本节学习时间 / 2分33秒

使用阵列命令可以快速、准确地复制一个或多个图形对象，并且可以根据行数、列数和中心点将图形进行摆放和排列。本节将详细介绍阵列图形方面的知识。

5.1.1 矩形阵列

矩形阵列是将图形对象复制多个并成矩形分布的阵列。下面以阵列圆形为例，介绍在 AutoCAD 2016 中文版中，使用矩形阵列的操作方法。

1 调用【阵列】命令

新建 AutoCAD 空白文档并绘制圆形，在【草图与注释】空间中，在菜单栏中，选择【修改】菜单，在弹出的下拉菜单中，选择【阵列】➤【矩形阵列】菜单项，如图所示。

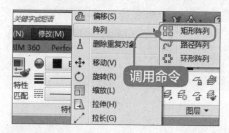

2 选择图形

返回到绘图区，根据命令行提示"ARRAYRECT 选择对象"信息，选择要进行阵列的图形，如图所示。

3 设置列数

按下键盘上的【Enter】键结束选择对象操作，弹出【阵列创建】选项卡，在【列】面板中的【列数】文本框中，输入列数 2，如图所示。

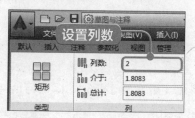

4 设置行数

在【阵列创建】选项卡中，在【行】面板中的【行数】文本框中，输入行数 2，在【关闭】面板中，单击【关闭阵列】按钮，如图所示。

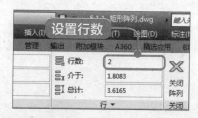

5 矩形阵列效果

图形阵列完成，通过以上步骤即可完成矩形阵列的操作，如图所示。

📢 提示

在矩形阵列图形的过程中，在输入的列数或行数前面加"−"符号，可以使阵列的图形往相反的方向复制。

5.1.2 环形阵列

在 AutoCAD 2016 中文版中，环形阵列是指绕某个中心点或旋转轴复制对象进行排列的阵列，阵列的图形呈环形排列，下面将介绍使用环形阵列图形的操作方法。

1 调用【阵列】命令

新建 AutoCAD 空白文档并绘制圆形，在【草图与注释】空间中，在【功能区】的【默认】选项卡中，单击【修改】面板中的【阵列】下拉按钮 阵列 ，在弹出的下拉菜单中，选择【环形阵列】菜单项，如图所示。

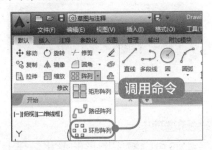

2 选择图形

返回到绘图区，根据命令行提示"ARRAYPOLAR 选择对象"信息，在要进行环形阵列的图形上单击鼠标左键，如图所示。

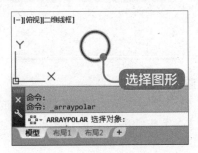

3 确定阵列中心点

按下键盘上的【Enter】键结束选择对象操作，命令行提示"ARRAYPOLAR 指定阵列的中心点"信息，在合适位置单击鼠标左键，确定中心点，如图所示。

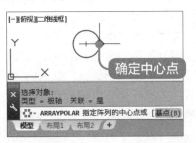

4 设置项目数

弹出【阵列创建】选项卡，在【项目】面板中的【项目数】文本框中，输入项目数 4，在【关闭】面板中，单击【关闭阵列】按钮 ，如图所示。

📢 提示

默认情况下为行数为 1，可以根据需要自行设置。

5 环形阵列效果

图形阵列完成，通过以上步骤即可完成环形阵列的操作，如图所示。

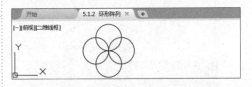

> **提示**
>
> 选中环形阵列的图形，在弹出的【阵列】选项卡中，可以修改图形的阵列项目数、行数和填充角度等。

5.1.3 路径阵列

路径阵列是指沿整个路径或部分路径来复制图形对象，路径可以是直线、多段线、三维多段线、样条曲线、螺旋、圆弧、圆或椭圆。下面介绍使用路径阵列图形的操作方法。

1 调用【阵列】命令

打开"5.1.3 路径阵列.dwg"素材文件，在【草图与注释】空间中，在菜单栏中，选择【修改】菜单，在弹出的下拉菜单中，选择【阵列】➤【路径阵列】菜单项，如图所示。

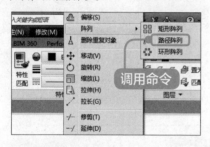

2 选择图形

返回到绘图区，根据命令行提示"ARRAYPATH 选择对象"信息，使用鼠标选择要进行路径阵列的图形对象，如图所示。

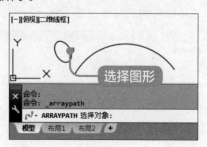

3 选择路径

按下键盘上的【Enter】键结束选择对象操作，命令行提示"ARRAYPATH 选择路径曲线"，单击鼠标左键选择作为路径曲线的圆弧，如图所示。

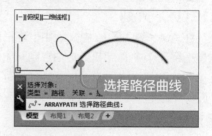

4 设置阵列参数

弹出【阵列创建】选项卡，在【项目】面板中的【项目数】文本框中，输入 5，在【行】面板中的【行数】文本框中，输入行数 1，如图所示。

5 关闭选项卡

此时可以看到图形的变化，在【关闭】面板中，单击【关闭阵列】按钮❌，如图所示。

6 路径阵列效果

返回到绘图区，路径阵列图形完成，通过以上步骤即可完成对图形进行路径阵列的操作，如图所示。

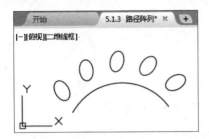

提示

无论是选择矩形阵列、环形阵列和路径阵列，都会出现【阵列】选项卡。在该选项卡中，可以修改阵列的项目数、阵列的行数、阵列的基点和旋转方向等。

使用环形阵列命令制作各式各样的装饰图案，可以达到事半功倍的效果，且可以随时更改数量、角度等，如下图所示。

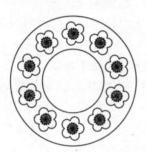 

5.2 实战案例——修剪与延伸

本节学习时间 / 1 分 08 秒

使用修剪与延伸命令，对图形的局部进行修改或延伸的操作，可以提高绘图的速度与工作效率。本节将详细介绍修剪与延伸命令方面的知识与操作技巧。

5.2.1 修剪对象

使用修剪命令可以将图形对象上多余的线段删除，下面介绍使用修剪命令修剪对象的操作方法。

1 调用【修剪】命令

打开"5.2.1 修剪对象"素材文件，在【草图与注释】空间中，在菜单栏中，选择【修改】菜单，在弹出的下拉菜单中，选择【修剪】菜单项，如图所示。

② 选择图形

返回到绘图区，根据命令行提示"TRIM 选择对象"信息，选择要修剪的图形对象，如图所示。

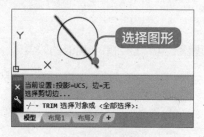

③ 选择被修剪的对象

按下键盘上的【Enter】键结束选择对象操作，根据命令行提示，在要被修剪掉的图形上单击鼠标左键，如图所示。

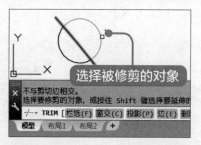

④ 修剪图形效果

在键盘上按下【Esc】键退出修剪命令，即可完成修剪图形对象的操作，如图所示。

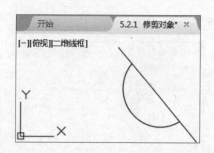

提示

在命令行中输入【TRIM】或【TR】命令，按下键盘上的【Enter】键，或者选择【默认】选项卡，在【修改】面板中，单击【修剪】下拉按钮，在弹出的下拉菜单中，选择【修剪】菜单项，都可以调用修剪命令。

5.2.2 延伸对象

使用延伸命令可以将对象延伸，下面介绍具体操作方法。

① 调用【延伸】命令

打开"5.2.2 延伸对象 .dwg"素材文件，在【草图与注释】空间中，在菜单栏中，选择【修改】➤【延伸】菜单项，如图所示。

② 选择延伸的边界

返回到绘图区，根据命令行提示"EXTEND 选择对象"信息，选择要延伸的图形对象的边界，如图所示。

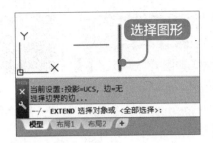

3 选择要延伸的图形

按下键盘上的【Enter】键结束选择对象操作，根据命令行提示"选择要延伸的对象"信息，选择要延伸的图形，如图所示。

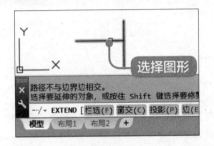

4 延伸图形效果

在键盘上按下【Esc】键退出延伸命令，通过以上步骤即可完成延伸对象的操作，如图所示。

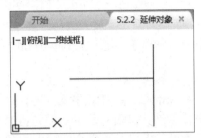

📢 提示

在靠近边界的图形那一端单击，图形则会往那一边延伸。目前修剪命令和延伸命令可以联用，即在使用修剪命令时，可以对图形进行延伸操作，而在使用延伸命令时，也可以对图形进行修剪操作。

举一反三

运用修剪、直线与圆命令，可以绘制出卡座的平面图，如下左图所示。使用延伸命令还可以绘制出支座的平面图，如下右图所示。

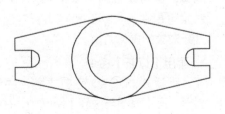
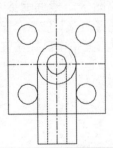

5.3 实战案例——分解与打断

本节学习时间 / 1 分 10 秒

为了方便编辑图形对象，可以使用分解与打断功能对图形进行操作，对于块、多线段和面域等对象则要先进行分解才能编辑，而打断功能可以将直线或线段分解成多个部分，本节将重点介绍分解与打断方面的知识。

5.3.1 分解对象

在 AutoCAD 2016 中文版中，对于需要单独进行编辑的图形，要先将对象分解再进行操作，下面介绍分解对象的操作方法。

① 调用【分解】命令

新建 AutoCAD 空白文档，并绘制图形，在【草图与注释】空间中，在【功能区】中，选择【默认】选项卡，在【修改】面板中，单击【分解】按钮，如图所示。

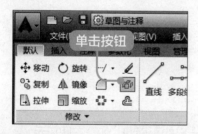

② 选择图形

返回到绘图区，根据命令行提示"EXPLODE 选择对象"信息，在要准备分解的图形对象上单击鼠标左键，如图所示。

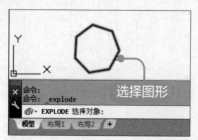

③ 分解图形效果

按下键盘上的【Enter】键退出分解命令，图形已被分解，通过以上步骤即可完成分解对象的操作，如图所示。

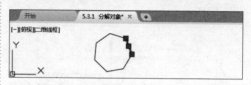

> **提示**
>
> 在分解图形时，要注意的是，如圆、圆弧和椭圆这类图形是无法进行分解操作的。如果要调用分解命令，可以在命令行中输入【EXPLODE】或【X】命令，按下键盘上的【Enter】键，或者在菜单栏中选择【修改】▶【分解】菜单项。

5.3.2 打断对象

在 AutoCAD 2016 中，打断对象是指在图形对象上的两个指定点之间创建间隔，将对象打断为两个对象，打断的对象可是块、文字或直线等，下面介绍打断对象的操作方法。

① 调用【打断】命令

新建 AutoCAD 空白文档，并绘制图形，在【草图与注释】空间中，在【功能区】中，选择【默认】选项卡，在【修改】面板中，单击【打断】按钮，如图所示。

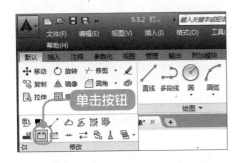

2 选择图形

返回到绘图区，根据命令行提示"BREAK 选择对象"信息，在准备打断的图形对象上单击鼠标左键，如图所示。

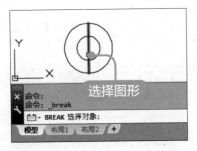

3 激活第一点命令

根据命令行提示"BREAK 指定第二个打断点或［第一点（F）］"信息，在命令行输入 F，按下键盘上的【Enter】键，如图所示。

4 选择第一个打断点

返回到绘图区，根据命令行提示"BREAK 指定第一个打断点"信息，单击鼠标左键选择打断点，如图所示。

5 选择第二个打断点

移动鼠标指针，根据命令行提示"BREAK 指定第二个打断点"信息，单击鼠标左键选择打断点，如图所示。

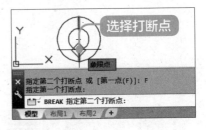

6 打断图形效果

这时可以看到打断后的图形效果，通过以上步骤即可完成打断对象的操作，如图所示。

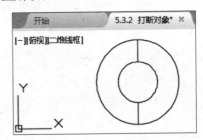

> 📢 提示
>
> 可以在菜单栏中选择【修改】➤【打断】菜单项，或者在命令行中输入【BREAK】或【BR】命令，按下键盘上的【Enter】键，来调用打断命令。

对于一些复杂的图形，有时需要将某些图形进行分解后，才可以使用打断命令进行编辑和修改。运用打断命令，可以对一些细微之处进行完善，如图所示。

5.4 实战案例——圆角与倒角

本节学习时间 / 1分25秒

圆角是指定一段与角的两边相切的圆弧替换原来的角，倒角是指将两条非平行线上的直线或样条曲线，做出有角度的角。本节将介绍圆角与倒角方面的知识与操作技巧。

5.4.1 圆角图形

在 AutoCAD 2016 中文版中，使用圆角命令可以将两个线性对象之间以圆弧相连，对多个顶点进行一次性圆角操作。下面将介绍圆角图形的操作方法。

1 调用圆角命令

新建 AutoCAD 空白文档并绘制矩形，在【草图与注释】空间中，在命令行输入【圆角】命令 FILLET，按下键盘上的【Enter】键，如图所示。

2 激活半径命令

根据命令行提示，在命令行输入 R，激活【半径（R）】选项，按下键盘上的【Enter】键，如图所示。

3 输入圆角半径

根据命令行提示"FILLET 指定圆角半径"信息，在命令行中输入 2，按下键盘上的【Enter】键，如图所示。

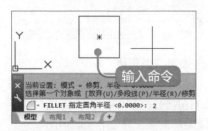

4 选择第一个对象

返回到绘图区，根据命令行提示"FILLET 选择第一个对象"信息，单击选择图形，如图所示。

5 选择第二个对象

移动鼠标指针，根据命令行提示"FILLET 选择第二个对象"，在图形上单击鼠标左键选中对象，如图所示。

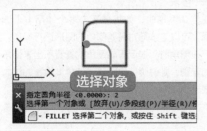

6 圆角图形效果

此时可以看到圆角后的图形，通过以上步骤即可完成圆角图形的操作，如图所示。

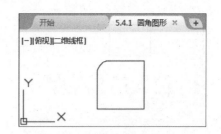

> **📢 提示**
>
> 在菜单栏中选择【修改】➤【圆角】菜单项，或者在【功能区】的【默认】选项卡中，单击【绘图】面板中的圆角按钮，都可以调用圆角命令。

5.4.2 倒角图形

在 AutoCAD 2016 中文版中，以平角或倒角使两个对象相连接的方式称为倒角，下面来介绍具体的操作方法。

1 调用【倒角】命令

新建 AutoCAD 空白文档并绘制矩形，在【草图与注释】空间中，在菜单栏中，选择【修改】➤【倒角】菜单项，如图所示。

2 激活角度命令

根据命令行提示，在命令行输入 A，激活【角度（A）】选项，按下键盘上的【Enter】键，如图所示。

3 输入倒角长度

根据命令行提示"CHAMFER 指定第一条直线的倒角长度"信息,在命令行中输入 3,按下键盘上的【Enter】键,如图所示。

4 输入倒角角度

根据命令行提示"CHAMFER 指定第一条直线的倒角角度"信息,在命令行中输入 45,按下键盘上的【Enter】键,如图所示。

5 选择第一条直线

返回到绘图区,根据命令行提示"CHAMFER 选择第一条直线"信息,选择矩形的第一条边,如图所示。

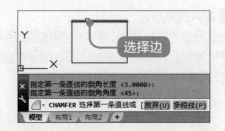

6 选择第二条直线

移动鼠标指针,根据命令行提示"CHAMFER 选择第二条直线"信息,选择矩形的第二条边,如图所示。

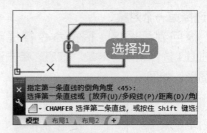

7 倒角图形效果

此时可以看到倒角后的图形,这样即可完成倒角图形的操作,如图所示。

📢 提示

在倒角图形时,如果激活【多个(M)】选项,可以连续地对需要倒角的图形进行操作。若在倒角时,提示不能倒角或者看不出来倒角的差别,则说明倒角距离或者角度设置的过大或过小。

举一反三

圆角和倒角命令在二维制图中应用比较多，尤其在绘制机械平面图时，会经常用到，如下图所示。

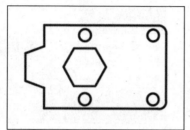 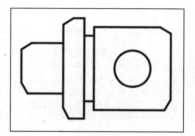

5.5 实战案例——合并图形

本节学习时间 / 55 秒

在 AutoCAD 2016 中文版中，为了方便绘图需要，可以将两个相似的图形对象合并成一个图形对象。合并的对象包括直线、圆、圆弧、椭圆、椭圆弧和多段线等。本节将详细介绍合并图形方面的知识与操作技巧。

5.5.1 合并直线

要合并的对象必须在同一平面上，如果是直线对象，则两条直线需要保持共线，下面具体介绍将两条在同一平面上的直线合并成一条直线的操作方法。

1 调用合并命令

新建 AutoCAD 空白文档，并绘制图形，在【草图与注释】空间中，在【功能区】的【默认】选项卡中，在【修改】面板中，单击【合并】按钮 ，如图所示。

2 选择合并图形

返回到绘图区，根据命令行提示"JOIN 选择源对象或要一次合并的多个对象"信息，使用叉选方式选择要合并的直线，如图所示。

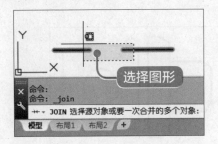

3 合并图形效果

按下键盘上的【Enter】键，合并直线完成，通过以上步骤即可完成合并直线的操作，如图所示。

📢 提示

可以在命令行中输入【JOIN】命令，然后按下键盘上的【Enter】键，或者在菜单栏中，选择【修改】菜单，在弹出的下拉菜单中，选择【合并】菜单项，来调用合并命令。

5.5.2 合并圆弧

在 AutoCAD 2016 中文版中，可以将多条圆弧合并成一条圆弧或圆，但必须要保证圆弧和圆心为同一个圆，下面介绍合并圆弧的具体操作方法。

1 调用合并命令

新建 AutoCAD 空白文档并绘制圆弧图形，在【草图与注释】空间中，在菜单栏中，选择【修改】➤【合并】菜单项，如图所示。

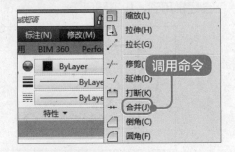

2 选择合并圆弧

返回到绘图区，根据命令行提示"JOIN 选择源对象或要一次合并的多个对象"信息，使用叉选方式选择要合并的圆弧，如图所示。

3 合并图形效果

按下键盘上的【Enter】键，合并圆弧完成，通过以上步骤即可完成合并圆弧的操作，如图所示。

举一反三

由于要合并的图形对象必须位于相同的平面上，因此在绘制图形时可以充分利用这一条件。在对复杂的二维图形进行编辑与修改时，可以对共面的图形进行合并操作，从而提高修改图形的工作效率，如下图所示。

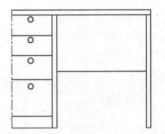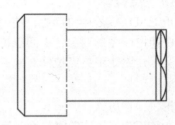

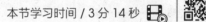

5.6 实战案例——夹点编辑

本节学习时间 / 3分14秒

利用夹点可以对图形的大小、位置和方向等进行编辑，而通过拖动夹点则可以快速拉伸、移动、旋转、缩放或镜像图形对象等，选择执行的编辑操作称为夹点编辑模式。本节将重点介绍夹点编辑方面的知识。

5.6.1 什么是夹点

图形对象上的一些特殊点，如中点、象限点、端点、切点等称作"夹点"。在AutoCAD 2016中文版的绘图区域中，选中图形将显示夹点，默认情况下为蓝色的小方框，选中状态为红色，同时也可以自定义设置夹点的颜色，如图所示。

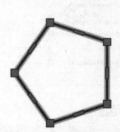

提示

在菜单栏中选择【工具】➤【选项】菜单项，在弹出的【选项】对话框中选择【选择集】选项卡，在【夹点尺寸】和【夹点】区域中，可以对夹点的颜色、显示数量、大小等参数进行设置。

5.6.2 使用夹点拉伸对象

在 AutoCAD 2016 中文版中，使用夹点可以快速拉伸图形对象，下面以拉伸矩形为例，介绍使用夹点拉伸对象的操作方法。

1 选择图形

新建 AutoCAD 空白文档并绘制矩形，在【草图与注释】空间中，单击鼠标左键选择矩形，如图所示。

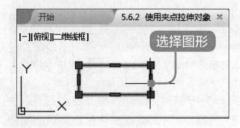

2 拉伸图形

移动鼠标指针至其中一个夹点上，单击并按住鼠标左键，向右侧拖动，如图所示。

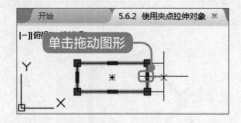

3 确定拉伸范围

拖动至某一位置，释放鼠标左键，此时可以看到图形被拉伸，如图所示。

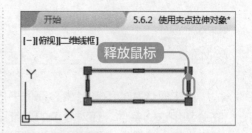

4 夹点拉伸效果

在键盘上按下【Esc】键退出夹点编辑状态，即可完成使用夹点拉伸图形的操作，如图所示。

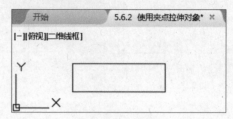

5.6.3 使用夹点移动对象

在 AutoCAD 2016 中文版中，使用夹点模式可以快速地移动图形对象，从而将所选的图形对象平移至新的位置，下面将详细介绍使用夹点移动图形对象的操作方法。

1 选择图形

新建 AutoCAD 空白文档并绘制椭圆，在【草图与注释】空间中，单击鼠标左键选择椭圆，如图所示。

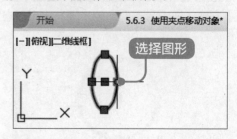

2 平移图形

移动鼠标指针至图形对象的中心点上，单击并按住鼠标左键，向右侧拖动，如图所示。

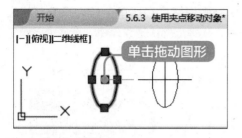

3 确定平移位置

　　拖动至某一位置，释放鼠标左键，此时可以看到图形被移动，如图所示。

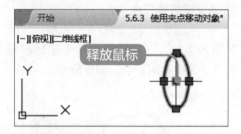

4 夹点移动效果

　　在键盘上按下【Esc】键退出夹点编辑状态，即可完成使用夹点移动图形的操作，如图所示。

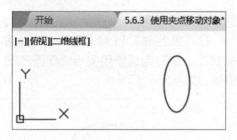

5.6.4　使用夹点缩放对象

　　使用夹点可以快速地缩放图形对象，下面将详细介绍使用夹点缩放图形对象的操作方法。

1 选择图形

　　新建 AutoCAD 空白文档并绘制椭圆，在【草图与注释】空间中，单击鼠标左键选择椭圆，如图所示。

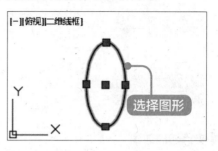

2 调用缩放命令

　　移动鼠标指针至任意夹点上，鼠标右键单击该夹点，在弹出的快捷菜单中，选择【缩放】菜单项，如图所示。

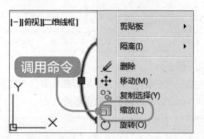

3 确定基点位置

　　返回到绘图区，根据命令行提示"SCALE 确定基点"，在合适位置单击鼠标左键确定基点，如图所示。

4 确定缩放比例

　　根据命令行提示"SCALE 指定比例因子"信息，移动鼠标指针至合适位置，释放鼠标左键，如图所示。

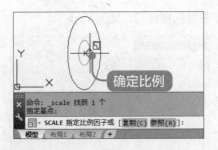

5 夹点缩放效果

通过以上步骤即可完成使用夹点缩放对象的操作，如图所示。

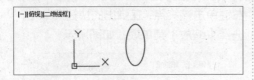

> **提示**
>
> 使用夹点缩放图形时，还可以在命令行中直接输入比例因子来确定缩放图形的大小。

5.6.5 使用夹点镜像对象

在 AutoCAD 2016 中文版中，使用夹点的方式可以快速镜像图形对象，并且会在镜像操作完成后删除源对象。下面以镜像圆弧为例，介绍使用夹点镜像图形对象的操作方法。

1 选择图形

新建空白文档并绘制圆弧，在【草图与注释】空间中，单击鼠标左键选择要镜像的圆弧，并选中一个夹点作为镜像点，如图所示。

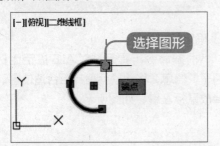

2 调用镜像命令

使用鼠标右键单击作为镜像点的夹点，在弹出的快捷菜单中，选择【镜像】菜单项，如图所示。

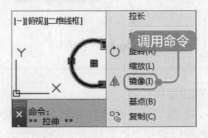

3 确定镜像第二点

返回到绘图区，根据命令行提示"指定第二点"，在合适位置单击鼠标左键确定镜像线的第二点，如图所示。

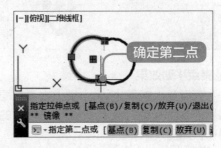

4 夹点镜像效果

在键盘上按下【Esc】键退出夹点编辑状态，即可完成使用夹点镜像图形的操作，如图所示。

5.6.6 使用夹点旋转对象

在 AutoCAD 2016 中文版中，使用夹点模式可以快速旋转图形对象，下面介绍使用夹点旋转图形对象的操作方法。

1 选择图形

新建 AutoCAD 空白文档并绘制矩形，在【草图与注释】空间中，单击鼠标左键选择矩形，如图所示。

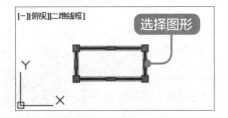

2 调用旋转命令

移动鼠标指针至任意夹点上，鼠标右键单击该夹点，在弹出的快捷菜单中，选择【旋转】菜单项，如图所示。

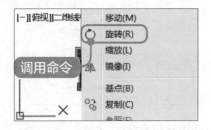

3 确定基点位置

返回到绘图区，根据命令行提示"ROTATE 确定基点"，在合适位置单击鼠标左键确定旋转基点，如图所示。

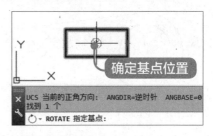

4 确定旋转角度

根据命令行提示"ROTATE 指定旋转角度"信息，移动鼠标指针至合适位置单击鼠标左键，如图所示。

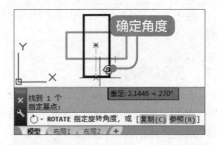

5 夹点旋转效果

这样即可完成使用夹点旋转对象的操作，如图所示。

举一反三

在夹点编辑模式下，还可以对图形直接进行复制，从而完成图形的绘制，如下左图所示。

在绘制图形时使用的中心线或辅助线，可以使用夹点拉伸调整长度，如下右图所示。

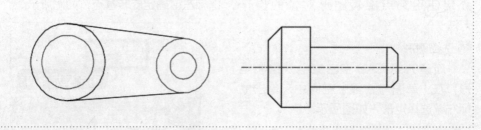

5.7 实战案例——绘制图案

本节学习时间 / 1 分 25 秒

利用本章所学知识，可以灵活绘制图形，下面综合本章所学知识，介绍一些绘制图案的案例。

5.7.1 绘制地板图案

运用矩形、圆、阵列等命令，可以绘制出不同种类的图案。下面介绍绘制地板图案具体的操作方法。

1 调用阵列命令

打开"5.7.1 绘制地板图案 .dwg"素材文件，在【草图与注释】空间中，在菜单栏中，选择【修改】菜单，在弹出的下拉菜单中，选择【阵列】▶【环形阵列】菜单项，如图所示。

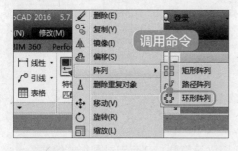

2 阵列图形

选择圆图形，然后以正方形的中心点为阵列中心点，设置项目数为 4 个，行数为 1，阵列圆形，如图所示。

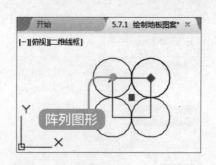

3 调用分解命令

在【修改】面板中，单击【分解】按钮 ，如图所示。

4 分解图形

选择已阵列的图形，对该图形进行分解，如图所示。

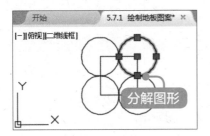

5 调用修剪命令

在【修改】面板中，单击【修剪】按钮 修剪，如图所示。

6 修剪图形

对正方形外侧多余的部分进行修剪，如图所示。

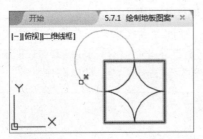

7 地板图案效果

使用【绘图】面板中的【图案填充】命令填充图形，这样即可完成绘制地板图案的操作，如图所示。

提示

如果要看到地板图案拼切到一起的效果，可以使用【矩形阵列】命令对绘制好的图案进行阵列。

5.7.2 绘制太阳花

下面介绍绘制太阳花图案的操作方法。

1 调用阵列命令

打开"5.7.2 绘制太阳花.dwg"素材文件，在【草图与注释】空间中，选择【默认】选项卡，在【绘图】面板中，单击【阵列】下拉菜单中的【环形阵列】菜单项，如图所示。

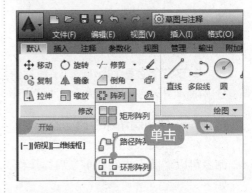

2 阵列图形

返回到绘图区，使用叉选方式选择要阵列的图形，以圆的中心点为阵列中心点，阵列项目数为8，阵列图形，这样即可完成绘制太阳花图案的操作，如图所示。

举一反三

图案的绘制主要是阵列命令的具体体现，因此掌握了图案的绘制方法，同理就可以绘制出树木、雪花等平面图形，如下图所示。

高手私房菜

本节将介绍多个操作技巧，包括使用圆角命令修剪图形，将圆弧转换为圆，分解阵列图形的具体方法，帮助读者学习与快速提高。

技巧1 ● 使用圆角命令修剪图形

在 AutoCAD 2016 中，使用圆角命令可以对圆形进行修剪，具体操作如下。

1 调用圆角命令

新建 AutoCAD 空白文档并绘制两条相交的直线，在【草图与注释】空间中，在菜单栏中，选择【修改】➤【圆角】菜单项，如图所示。

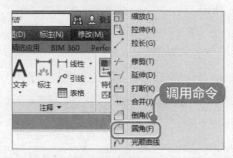

2 激活半径命令

根据命令行提示，在命令行输入R，激活【半径（R）】选项，按下键盘上的【Enter】键，如图所示。

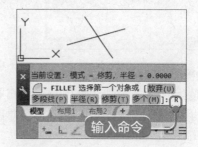

3 设置圆角半径

根据命令行提示"FILLET 指定圆角半径"信息，在命令行中输入半径值，如 5，按下键盘上的【Enter】键，如图所示。

4 激活修剪命令

根据命令行提示，在命令行输入 T，激活【修剪（T）】选项，按下键盘上的【Enter】键，如图所示。

5 选择修剪模式

根据命令行提示"FILLET 输入修剪模式选项"信息，在键盘上直接按下【Enter】键，选择【修剪】默认选项，如图所示。

6 选择第一个修剪对象

返回到绘图区，根据命令行提示"FILLET 选择第一个对象"信息，选择第一个修剪对象，如图所示。

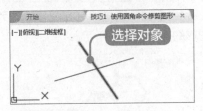

7 选择第二个修剪对象

移动鼠标指针，根据命令行提示"FILLET 选择第二个对象"信息，选

择第二个修剪对象，如图所示。

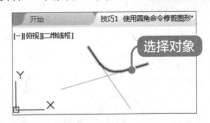

8 修剪后的图形效果

此时可以看到圆角和修剪后的图形，通过以上步骤即可完成使用圆角命令修剪图形的操作，如图所示。

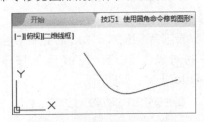

技巧 2 ● 将圆弧转换为圆

在 AutoCAD 2016 中文版中，使用合并命令可以将圆弧转换为圆，下面介绍具体的操作步骤。

1 调用合并命令

新建 AutoCAD 空白文档，并绘制圆弧，在【草图与注释】空间中，在【功能区】的【默认】选项卡中，在【修改】面板中，单击【合并】按钮，如图所示。

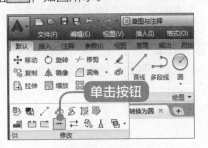

2 选择图形

返回到绘图区，根据命令行提示"JOIN 选择源对象或要一次合并的多个对象"信息，单击圆弧，如图所示。

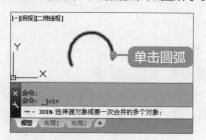

3 按【Enter】键

看到命令行提示"JOIN 选择要合并的对象"信息，在键盘上按下【Enter】键，如图所示。

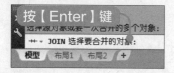

4 激活闭合命令

根据命令行提示"JOIN 选择圆弧，以合并到源或进行 [闭合]"信息，在命令行输入 L，并按下键盘上的【Enter】键，如图所示。

5 圆效果

此时可以看到圆弧已经转换为圆，这样即可完成将圆弧转换为圆的操作，如图所示。

技巧 3 • 分解阵列图形

在绘制图形时，会经常使用阵列命令来阵列图形，如果要对阵列的图形进行分解，可以使用分解命令将其分解为单独的部分，下面介绍具体的操作步骤。

1 调用分解命令

新建 AutoCAD 空白文档并绘制阵列图形，在【草图与注释】空间中，在【功能区】中，选择【默认】选项卡，在【修改】面板中，单击【分解】按钮，如图所示。

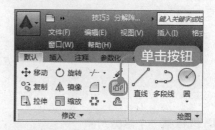

2 分解阵列图形

返回到绘图区，单击鼠标左键选中要阵列的图形，按下键盘上的【Enter】键，这样即可完成分解阵列图形的操作，如图所示。

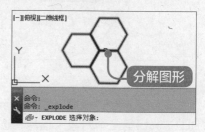

第 6 章

文字与表格工具

本章视频教学时间 / 9 分 53 秒

重点导读

本章主要介绍了设置文字样式、输入单行文字和输入多行文字方面的知识与操作技巧，同时还讲解了创建与编辑表格方面的内容。通过本章的学习，读者可以掌握文字与表格工具方面的知识，为深入学习 AutoCAD 2016 奠定基础。

本章主要知识点

✓ 设置文字样式

✓ 实战案例——输入单行文字

✓ 实战案例——输入多行文字

✓ 实战案例——创建与编辑表格

6.1 设置文字样式

本节学习时间 / 1 分 51 秒

文字样式是一组可随图形保存的文字设置的集合，这些设置包括字体、文字高度及特殊效果等，在 AutoCAD 2016 中，用户可以对文字样式进行创建和修改操作，本节将介绍文字样式方面的知识。

6.1.1 创建文字样式

在 AutoCAD 2016 中文版中，系统默认文字样式为"Standard"。如果该样式满足不了文字注释的要求，则可以自行创建文字样式。下面介绍创建文字样式的操作方法。

■1 打开【文字样式】对话框

新建 AutoCAD 空白文档，在【草图与注释】空间中，在菜单栏中，选择【格式】菜单，在弹出的下拉菜单中，选择【文字样式】菜单项，如图所示。

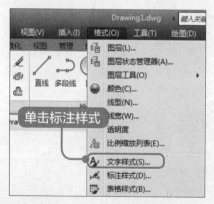

■2 新建文字样式

弹出【文字样式】对话框，单击【新建】按钮 新建(N)... ，如图所示。

> **📢 提示**
>
> 在命令行输入【STYLE】或【ST】命令，在键盘上按下【Enter】键，也可以打开【文字样式】对话框。

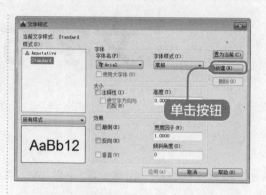

■3 设置样式名称

弹出【新建文字样式】对话框，在【样式名】文本框中，输入新样式的名称，单击【确定】按钮 确定 ，如图所示。

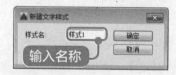

> **📢 提示**
>
> 如果对创建的文字样式进行重命名操作，可以在【文字样式】对话框中，右击【样式】列表中要重命名的文字样式，在弹出的快捷菜单中，选择【重命名】菜单项即可，但默认的【Standard】样式是无法重命名的。

■4 设置样式参数

返回到【文字样式】对话框，在【字体】区域中的【字体名】下拉列表中，选择要使用的字体，在【大小】区域中的【高度】文本框中，输入文字高度，单击【应用】按钮 应用(A)，单击【关闭】按钮 关闭，这样即可完成创建文字样式的操作，如图所示。

6.1.2 修改文字样式

在 AutoCAD 2016 中文版中，可随时对已经创建的文字样式进行更改，通过更改文字的字体等样式，能够让文字显示得更美观，下面以更改文字高度为例，介绍修改文字样式的操作方法。

1 打开修改样式对话框

在【功能区】中，选择【注释】选项卡，单击【文字样式】下拉按钮，在弹出的下拉列表中，选择【管理文字样式】列表项，如图所示。

提示

执行修改文字样式操作时，默认为当前系统中的文字样式，若需要修改其他文字样式，可以在【样式】列表中单击要修改的样式。

2 修改文字高度

弹出【文字样式】对话框，在【样式】区域，选择要修改的样式名称，在【大小】区域中的【高度】文本框中，输入高度值，单击【应用】按钮 应用(A)，如图所示。

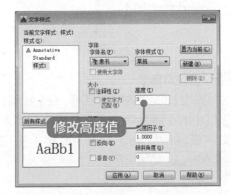

3 单击【关闭】按钮

单击【关闭】按钮 关闭(C)，这样即可完成修改文字样式的操作，如图所示。

6.1.3 设置文字效果

在 AutoCAD 2016 中文版中，文字的效果包括颠倒、反向、垂直和倾斜等效果，下面介绍如何设置文字效果。

1 打开【文字样式】对话框

新建 AutoCAD 空白文档，在【草图与注释】空间中，在菜单栏中，选择【格式】菜单，在弹出的下拉菜单中，选择【文字样式】菜单项，如图所示。

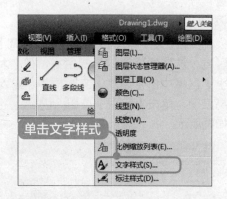

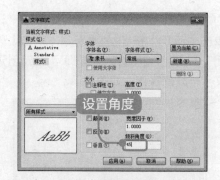

2 设置倾斜角度

弹出【文字样式】对话框，在【效果】区域中的【倾斜角度】文本框中，输入文字倾斜角度 45，单击【应用】按钮 应用(A)，如图所示。

3 单击【关闭】按钮

单击【关闭】按钮 关闭(C)，这样即可完成设置文字效果的操作，如图所示。

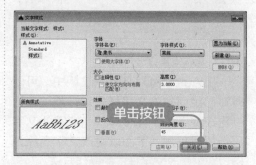

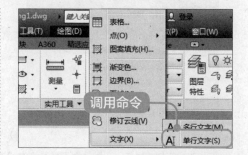

6.2 实战案例——输入单行文字

本节学习时间 / 1 分 37 秒

在 AutoCAD 2016 中文版中，使用单行文字功能可以创建一行或多行文字，且每行文字都是单独的对象。本节将详细介绍输入单行文字方面的知识与操作。

6.2.1 创建单行文字

单行文字是指每一行都是单独的一个文字对象，可对其进行移动、格式设置或其他修改，下面介绍创建单行文字的操作方法。

1 调用【单行文字】命令

新建 AutoCAD 空白文档，在【草图与注释】空间中，在菜单栏中，选择【绘图】菜单，在弹出的下拉菜单中，选择【文字】➤【单行文字】菜单项，如图所示。

2 确定文字起点

返回到绘图区，根据命令行提示

"TEXT 指定文字的起点"信息，在空白处单击鼠标左键，确定单行文字输入的起点，如图所示。

3 设置文字高度

根据命令行提示"TEXT 指定高度"信息，在命令行输入高度值 1，按下键盘上的【Enter】键，如图所示。

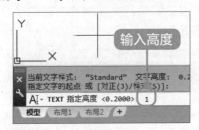

4 设置文字旋转角度

根据命令行提示"TEXT 指定文字的旋转角度"信息，在命令行输入 0，按下键盘上的【Enter】键，如图所示。

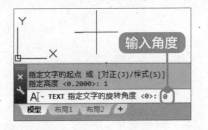

5 输入文字

返回到绘图区，根据命令行提示"TEXT"信息，在出现的文字输入框中输入文字，如图所示。

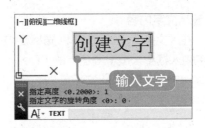

6 单行文字效果

在键盘上按下【Ctrl+Enter】组合键，退出文字输入框，即可完成创建单行文字的操作，如图所示。

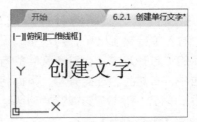

> 📢 提示
>
> 在文字输入完成后，移动鼠标指针至另一个要输入文字的地方，单击鼠标左键同样可以在出现的文字输入框中来输入文字，在需要进行多次标注文字的图形中，使用这种方式可以大大节省操作时间。

6.2.2 编辑单行文字

创建单行文字后，可以对已创建的单行文字进行编辑，下面介绍编辑单行文字的操作方法。

1 单击创建的文字

在【草图与注释】空间中，鼠标双击已创建的单行文字，如图所示。

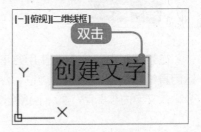

② 编辑文字内容

进入文字编辑状态，将光标定位在文字输入框中，按下键盘上的【Delete】键删除文字，输入新文字，即可完成编辑单行文字的操作，如图所示。

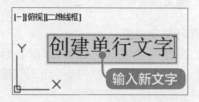

输入新文字

6.2.3 设置单行文字的对齐方式

输入单行文字之前，用户可以设置文字的"对齐方式"，对齐文字的方式有居中、右对齐、左对齐等，下面将介绍设置单行文字对齐方式的操作步骤。

① 调用【单行文字】命令

在【草图与注释】空间中，在菜单栏中，选择【绘图】菜单，在弹出的下拉菜单中，选择【文字】▶【单行文字】菜单项，如图所示。

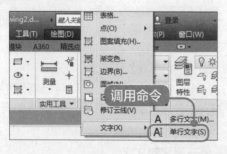

调用命令

② 激活对正命令

根据命令行提示"TEXT 指定文字的起点"信息，在命令行输入【对正（J）】选项命令 J，按下键盘上的【Enter】键，如图所示。

输入命令

③ 设置对齐方式

根据命令行提示"TEXT 输入选项"信息，在命令行输入要使用的对齐方式，然后按下键盘上的【Enter】键，这样即可完成设置单行文字对齐方式的操作，如图所示。

> 📢 提示
>
> 可以在创建的文字中插入特殊符号，特殊符号包括"。"符号、正/负公差符号和直径符号等。

举一反三

在掌握了单行文字的使用方法后，可以制作出标题栏和会签栏的效果，运用直线和线宽命令绘制边框，然后绘制内部的分隔线，再使用单行文字命令输入文字内容即可，如下图所示。

设计单位名称			专业	实名	签名	日期
签字区	工程名称	图号区				
	图名区					

6.3 实战案例——输入多行文字

本节学习时间 / 1 分 24 秒

在 AutoCAD 2016 中文版中，可以通过输入或导入文字创建多行文字对象，多行文字对象的长度取决于文字量，可以用夹点移动或旋转多行文字对象，多行文字不能单独编辑。本节将重点介绍输入多行文字方面的知识与操作技巧。

6.3.1 创建多行文字

多行文字是将创建的所有文字作为一个整体的文字对象来进行操作，方便用户创建多文字的说明，下面介绍输入多行文字的操作方法。

1 调用【多行文字】命令

新建 AutoCAD 空白文档，在【草图与注释】空间中，在菜单栏中，选择【绘图】菜单，在弹出的下拉菜单中，选择【文字】▶【多行文字】菜单项，如图所示。

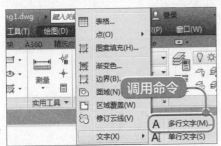

2 确定文字起点

返回到绘图区，根据命令行提示"MTEXT 指定第一角点"信息，在空白处单击确定输入多行文字的第一个点，如图所示。

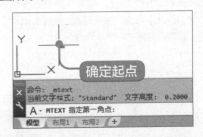

3 绘制文字输入框

拖动鼠标至合适位置，释放鼠标左键，绘制多行文字输入框，如图所示。

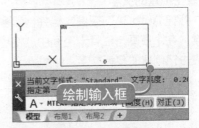

4 输入文字内容

返回到绘图区，在出现的多行文字输入框中，输入文字，如图所示。

5 多行文字效果

在键盘上按下【Ctrl+Enter】组合键，退出文字输入框，即可完成创建多行文字的操作，如图所示。

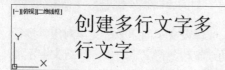

📢 提示

选择【注释】选项卡，在【文字】面板中单击【多行文字】按钮，或者在命令行中输入【MTEXT】命令，按下键盘上的【Enter】键，都可以调用多行文字命令。

6.3.2 编辑多行文字

在 AutoCAD 2016 中文版中，可以对已输入的多行文字进行编辑，编辑的内容包括文字的内容、大小、角度等，下面以改变为文字添加下划线为例，介绍编辑多行文字的操作方法。

1 双击创建的文字

新建 AutoCAD 空白文档并创建多行文字，在【草图与注释】空间中，使用鼠标双击已创建的多行文字，如图所示。

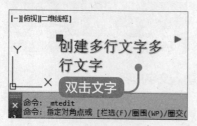

2 选中所有文字

弹出【文字编辑器】选项卡，返回绘图区，将光标定位在文字输入框中，选中文本框中的所有文字，如图所示。

3 设置文字下划线

返回【文字编辑器】选项卡，在【格式】面板中，单击【下划线】按钮 U，在【关闭】面板中，单击【关闭文字编辑器】按钮 ✕，如图所示。

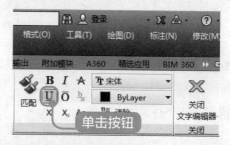

4 编辑后的文字效果

即可完成添加文字下划线的操作，通过以上步骤即可完成编辑多行文字的操作，如图所示。

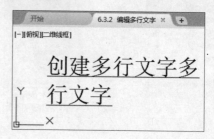

提示

在AutoCAD 2016中文版中，【文字编辑器】选项卡由【样式】、【格式】、【段落】和【插入】等面板组成。在该选项卡中，可以设置多行文字的样式、字体高度和颜色等文字格式。

文字是图纸的重要组成部分，能够表达出图纸上的重要信息，因此可以在绘制好的图形旁边，为其添加技术要求、文字说明或内容注释等文字信息，如下图所示。

技术要求：
1. 锐角倒钝、去除毛刺飞边。
2. 零件去除氧化皮。
3. 未注圆角半径R5。
4. 未注倒角均为2×45°。
5. 未注形状公差应符合GB1184-80的要求。
6. 未注长度尺寸允许偏差±0.5mm。

零件加工说明
1. 经调质处理，HRC50～55。
2. 零件进行高频淬火。
3. 渗碳深度0.3mm。
4. 进行高温时效处理

6.4 实战案例——创建与编辑表格

本节学习时间 / 3分36秒

为了提高工作效率，节省存储空间，可以创建表格来存放数据。本节将详细介绍创建与编辑表格方面的知识与操作技巧。

6.4.1 新建表格

如果在【绘图区】窗口中创建一个新的表格，便可以方便地对创建的图形的数据进行说明，下面介绍新建表格的操作方法。

1 调用【表格】命令

新建 AutoCAD 空白文档，在【草图与注释】空间中，在菜单栏中，选择【绘图】➤【表格】菜单项，如图所示。

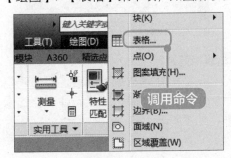

📢 提示

在【默认】选项卡中，单击【注释】面板中的【表格】按钮，也可以调用表格命令。

② 设置表格行和列

弹出【插入表格】对话框，在【列和行设置】区域中，在【列数】下拉列表框中输入列数 3，在【行数】下拉列表框中输入行数 2，单击【确定】按钮 **确定**，如图所示。

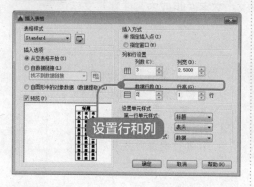

③ 插入表格

返回到绘图区，根据命令行提示"TABLE 指定插入点"信息，在空白处单击确定插入点，如图所示。

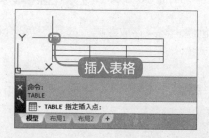

④ 表格效果

在空白处单击鼠标左键，退出表格编辑状态，这样即可完成新建表格的操作，如图所示。

6.4.2 设置表格的样式

在 AutoCAD 2016 中文版中，可以通过设置表格的样式来创建不同样式的表格。下面将介绍设置表格样式的操作方法。

① 调用【表格样式】命令

新建 AutoCAD 空白文档，在【草图与注释】空间中，在菜单栏中，选择【格式】菜单，在弹出的下拉菜单中，选择【表格样式】菜单项，如图所示。

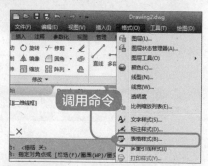

② 新建样式

弹出【表格样式】对话框，单击【新建】按钮 **新建(N)...**，如图所示。

③ 设置样式名称

弹出【创建新的表格样式】对话框，在【新样式名】文本框中，输入表格样式名称，单击【继续】按钮 继续 ，如图所示。

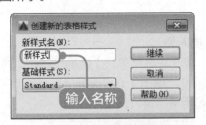

> 📢 提示
>
> 当表格样式为Standard，即当前系统样式时，是无法对该样式进行删除的。

④ 设置样式参数

弹出【新建表格样式：新样式】对话框，选择【常规】选项卡，在【特性】区域的【对齐】下拉列表中，选择对齐方式，在【页边距】区域中，设置【水平】与【垂直】页边距为1，单击【确定】按钮 确定 ，如图所示。

⑤ 完成表格样式的设置

返回到【表格样式】对话框，单击【关闭】按钮 关闭 ，即可完成设置表格样式的操作，如图所示。

> 📢 提示
>
> 如果要删除某表格样式，需要将当前样式设置为其他表格样式，然后在【表格样式】对话框中右击该表格样式名称，在弹出的快捷菜单中选择【删除】菜单项来删除该表格样式。

6.4.3 添加表格内容

在 AutoCAD 2016 中文版中，在新建表格后，可以在表格中输入文字等信息，下面将介绍添加表格内容的操作方法。

① 双击单元格

新建 AutoCAD 空白文档并插入表格，在【草图与注释】空间中，双击准备输入内容的单元格，如图所示。

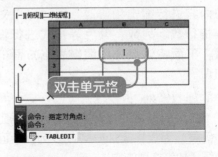

② 输入文字内容

该单元格变为输入编辑状态，将光标定位在文本框中，输入文本内容，如图所示。

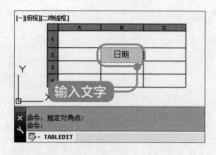

3 添加内容的表格效果

将光标移至表格外单击鼠标左键，退出表格文本输入框，即可完成添加表格内容的操作，如图所示。

> 🔊 提示
>
> 在一个单元格输入文本内容后，按下键盘上的【Enter】键，可以切换到下一个要输入文本内容的单元格。

6.4.4 编辑表格

表格创建后，可以随时对表格中的内容进行编辑和修改，同时可以对表格行数、列数、颜色等样式进行设置，下面将详细介绍编辑表格方面的知识。

1. 添加表格列

在绘制表格的过程中，可以根据工作需要，为表格添加一列或多列，下面介绍添加表格列的方法。

1 选择表格列

新建 AutoCAD 空白文档并绘制表格，在【草图与注释】空间中，使用鼠标选中要插入列的表格列，如图所示。

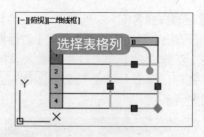

2 插入列

弹出【表格单元】选项卡，在【列】面板中，单击【从左侧插入】按钮，如图所示。

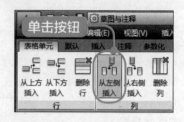

3 添加列效果

这样即可完成添加表格列的操作，如图所示。

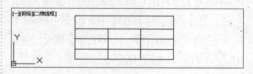

2. 添加表格行

在绘制表格的过程中，同样可以根据工作需要，为表格添加一行或多行，下面介绍添加表格行的方法。

1 选择表格行

新建 AutoCAD 空白文档并绘制表格，在【草图与注释】空间中，使用鼠标选中要插入行的表格行，如图所示。

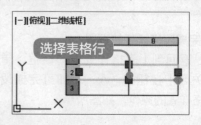

② 插入行

弹出【表格单元】选项卡，在【行】面板中，单击【从下方插入】按钮，如图所示。

③ 添加行效果

可以看到在选中行的下方插入一行，这样即可完成添加表格行的操作，如图所示。

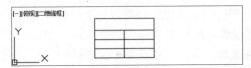

提示

还可以在【表格单元】选项卡中，单击【从上方插入】按钮，在行的上方插入表格行。

3. 删除表格列

在绘制表格的过程中，可以根据工作需要，对多余的列进行删除操作，下面介绍具体的操作方法。

① 选择表格列

新建 AutoCAD 空白文档并绘制表格，在【草图与注释】空间中，单击选中要删除的表格列，如图所示。

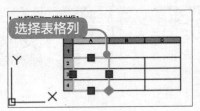

② 删除列

弹出【表格单元】选项卡，在【列】面板中，单击【删除列】按钮，如图所示。

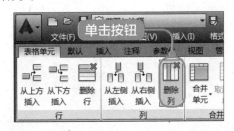

③ 删除列效果

选中的列被删除，通过以上步骤即可完成删除表格列的操作，如图所示。

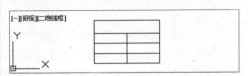

提示

右击选中的表格列，在弹出的快捷菜单中，选择【删除列】菜单，也可以删除表格列。

4. 删除表格行

对于表格中多余的行，可以将其清除掉，以保持表格的整洁性。下面介绍删除表格行的操作方法。

① 选择表格行

新建 AutoCAD 空白文档并绘制表格，在【草图与注释】空间中，使用鼠标单击选中要删除的表格行，如图所示。

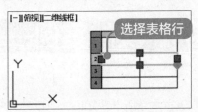

2 删除行

右击选中的表格行序号，在弹出的快捷菜单中，选择【删除行】菜单项，如图所示。

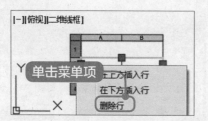

3 删除行效果

选中的行被删除，通过以上步骤即可完成删除表格行的操作，如图所示。

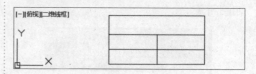

举一反三

在 AutoCAD 2016 中文版中，可以自行绘制表格，也可以与办公软件相配合使用。通常在 AutoCAD 环境下可以绘制简单的表格来处理数据，如果数据过于庞大、复杂，绘制起来就非常困难，这时可以在 Excel 表格中进行数据的录入和处理工作，然后将表格复制到剪贴板，在 AutoCAD 2016 中，选择【编辑】➤【选择性粘贴】菜单项，选择以 AutoCAD 图元方式进行粘贴即可，如下左图所示。

在 Word 中如果要插入 AutoCAD 表格图形，可以将图形输出为 BMP 或 WMF 格式的文件，然后将其插入到 Word 中；或者使用截图软件截取图形并将其保存为常用的 JPG、GIF 格式，然后在 Word 中插入即可，如下右图所示。

明细表		
序号	名称	数量
1.0000	垫片	10.0000
2.0000	螺母	25.0000

技术参数		
桩径	A	B
Ø200	110	400
Ø250	255	500

6.5 实战案例——表格基本操作

本节学习时间 / 1 分 25 秒

通过本章所学的知识，可以熟练掌握文字与表格工具操作方面的知识，本节将介绍关于表格基本操作方面的知识。

6.5.1 移动表格

在 AutoCAD 2016 中文版中，根据绘图的需要，有时需要将表格从原来的位置移动至其他位置，下面介绍移动表格的操作方法。

1 选择表格

新建 AutoCAD 空白文档并绘制表格，在【草图与注释】空间中，选中表格，单击鼠标左键选中表格左上角的夹点，并向右拖动，如图所示。

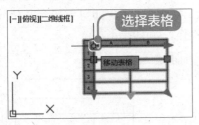

2 移动表格效果

拖动至一定位置，然后释放鼠标左键，这样即可完成移动表格的操作，如图所示。

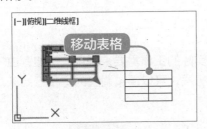

6.5.2 插入特殊符号

下面介绍在表格中插入特殊符号的操作方法。

1 选择单元格

新建 AutoCAD 空白文档并插入表格，在【草图与注释】空间中，双击准备输入内容的单元格，如图所示。

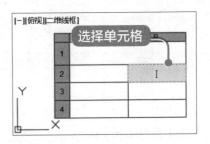

2 选择插入的符号

弹出【文字编辑器】选项卡，在【插入】面板中，单击【符号】下拉按钮，在弹出的下拉菜单中，选择【直径】菜单项，如图所示。

3 插入符号效果

返回绘图区，可以看到插入的符号，通过以上步骤即可完成插入特殊符号的操作，如图所示。

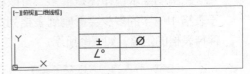

6.5.3 合并单元格

合并单元格是指将几个连续的单元格合并成一个单元格，下面介绍合并表格单元格的操作方法。

1 选择表格

新建 AutoCAD 空白文档并绘制表格，在【草图与注释】空间中，使用鼠标选中要合并的单元格，如图所示。

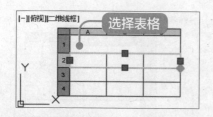

2 单击【合并单元】按钮

弹出【表格单元】选项卡，在【合并】面板中，单击【合并单元】下拉按钮 ，如图所示。

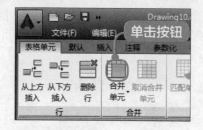

3 选择合并方式

在弹出的下拉菜单中，选择【按行

合并】菜单项，如图所示。

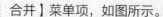

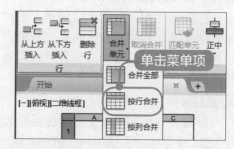

4 合并单元格效果

返回到绘图区，选中的单元格被合并，通过以上步骤即可完成合并单元格的操作，如图所示。

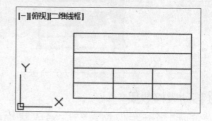

举一反三

表格的基本操作还有很多，可以根据实际的工作需要来使用。例如，由于表格中内容的多少会影响到表格列宽和行高，可以通过调整列宽和行高来保持表格的工整，如下图所示。

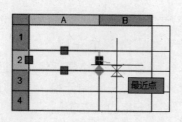

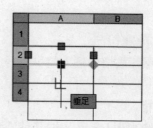

📢 提示

右击选中的多列多行，在弹出的快捷菜单中，选择【列】➤【均匀调整列大小】菜单项，或选择【行】➤【均匀调整行大小】菜单项，可以快速将列宽或行高设置为相同大小。

高手私房菜

本节将根据本章所学知识，归纳整理出一些文字与表格工具操作方面的知识，分别讲解了缩放文字大小和添加多行文字背景的具体操作方法，帮助读者学习与快速提高。

技巧 1 • 缩放文字大小

在 AutoCAD 2016 中文版中，在输入文字后，如果要修改文字的大小，可以使用缩放工具，下面介绍具体的操作方法。

1 调用【缩放】命令

新建 AutoCAD 空白文档，并创建单行文字，在【功能区】的【注释】选项卡中，单击【文字】面板中的【缩放】按钮 [A] 缩放，如图所示。

2 选择文字

返回到绘图区，单击鼠标左键，选择要缩放的文字，如图所示。

3 确定缩放基点

根据命令行提示，在键盘上按下【Enter】键，确定缩放基点，如图所示。

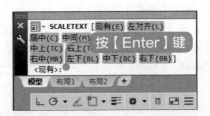

4 输入文字大小

在命令行中输入文字的高度，并按下键盘上的【Enter】键，这样即可完成缩放文字大小的操作，如图所示。

> 📢 **提示**
> 缩放只会改变文字大小，其位置是不变的。

技巧 2 • 添加多行文字背景

为了在复杂的图形中突出文字，可以为文字添加背景效果，下面介绍添加多行文字背景的操作方法。

1 选择文字

新建 AutoCAD 空白文档并创建多行文字，在【草图与注释】空间中，双击多行文字进入文字编辑框，选中所有的多行文字，如图所示。

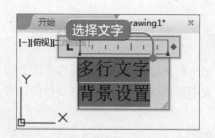

2 调用【遮罩】命令

在【文字编辑器】选项卡中，在【格式】面板中，单击【遮罩】按钮 ，如图所示。

3 设置遮罩参数

弹出【背景遮罩】对话框，选中

【使用背景遮罩】复选框，在【填充颜色】区域中设置背景颜色，单击【确定】按钮 ，如图所示。

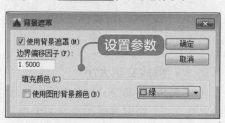

4 添加多行文字背景的效果

在空白处单击，退出【文字编辑器】选项卡，这样即可完成添加多行文字背景的操作，如图所示。

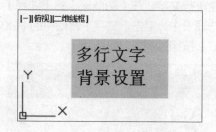

第 7 章

图形尺寸标注

本章视频教学时间 / 17 分 08 秒 ▶

🎧 重点导读

本章主要介绍了尺寸标注的组成与规定、尺寸标注样式和基本尺寸标注方面的知识与技巧，同时还讲解了标注形位公差与编辑尺寸标注方面的知识。通过本章的学习，读者可以掌握图形尺寸标注方面的知识，为深入学习 AutoCAD 2016 奠定基础。

📖 本章主要知识点

- ✓ 尺寸标注的组成与规定
- ✓ 实战案例——尺寸标注样式
- ✓ 实战案例——基本尺寸标注
- ✓ 实战案例——标注形位公差
- ✓ 实战案例——编辑尺寸标注

7.1 尺寸标注的组成与规定

本节学习时间 / 26 秒

在 AutoCAD 2016 中文版中，尺寸标注是绘图过程中不可缺少的部分。当绘制机械与建筑图纸时，需要对图纸中的元素标注尺寸，本节将重点介绍尺寸标注的组成与规定方面的知识。

7.1.1 尺寸标注的组成元素

尺寸标注的组成元素包括尺寸界线、尺寸线、尺寸箭头和尺寸文字等，如下图所示。

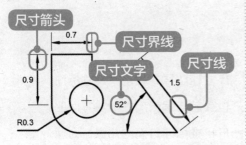

♪ 尺寸线：尺寸线是用于指示尺寸方向和范围的线条，尺寸线通常与被注实体平行；如果是角度标注，尺寸线将显示为一段圆弧。

♪ 尺寸箭头：尺寸箭头用于表示标注的方向，显示在尺寸线两端。

♪ 尺寸界线：尺寸界线用于界定量度范围的直线，一般应与被注实体和尺寸线垂直。

♪ 尺寸文字：尺寸文字用于指示实际测量值的字符串，尺寸文字可以包含前缀、后缀和公差。

7.1.2 尺寸标注规则

在 AutoCAD 2016 中文版中，对图形对象做的尺寸标注要准确、完整和清晰，还应该注意如下基本规则。

♪ 尺寸标注的大型值：物体的真实大小应以图样上所标注的尺寸数值为依据，与图形的大小及绘图的精确度无关。

♪ 尺寸标注的尺寸：图样中的尺寸以毫米（mm）为单位时，不需要标注计量单位的代号或名称。

♪ 尺寸标注的说明：图样中所标注的尺寸为该图样所表示的物体的最后完工尺寸，否则应另加说明。

♪ 尺寸的标注位置：机件上的每一个尺寸，一般在反映该结构最清楚的图形上标注一次。

7.2 实战案例——尺寸标注样式

本节学习时间 / 2 分 19 秒

尺寸标注样式用来设置标注的尺寸线粗细、尺寸箭头和尺寸文字大小等样式，本节将详细介绍尺寸标注样式方面的知识。

7.2.1 新建标注样式

在 AutoCAD 2016 中文版中，在对图形对象进行尺寸标注之前，可以根据工作需要，创建新的尺寸标注样式，下面介绍新建标注样式的操作方法。

1 选择【标注样式】命令

新建 AutoCAD 空白文档，在【草图与注释】空间中，在菜单栏中，选择【格式】菜单，在弹出的下拉菜单中，选择【标注样式】菜单项，如图所示。

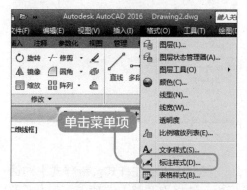

2 弹出【标注样式管理器】对话框

弹出【标注样式管理器】对话框，单击【新建】按钮 新建(N)... ，如图所示。

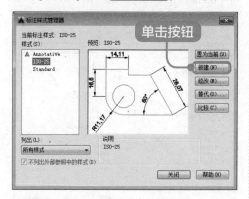

3 设置样式名称

弹出【创建新标注样式】对话框，在【新样式名】文本框中，输入标注样式名称，单击【继续】按钮 继续 ，

如图所示。

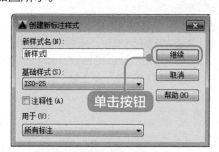

4 弹出新的样式设置对话框

弹出【新建标注样式：新样式】对话框，在这里可以对样式的参数进行设置，单击【确定】按钮 确定 ，如图所示。

5 完成标注样式的创建

返回到【标注样式管理器】对话框，单击【关闭】按钮 关闭 ，即可完成新建标注样式的操作，如图所示。

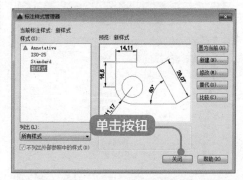

提示

在功能区中，单击【注释】选项卡中的【标注】面板右下角的【标注，标注样式】按钮，或者在命令行输入【DIMSTYLE】或【D】命令，按下键盘上的【Enter】键，都可以打开【标注样式管理器】对话框。

7.2.2 设置线和箭头样式

在【新建标注样式：新样式】对话框中，选择【线】选项卡，可以对线和箭头的样式进行设置。包括尺寸线与尺寸界线的颜色、线型和线宽等属性的设置，设置完成后单击【确定】按钮 确定 即可，如下图所示。

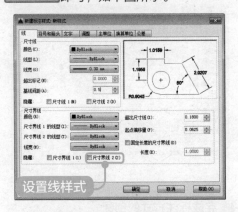

设置线样式

选择【符号和箭头】选项卡，在【箭头】区域，可以对箭头、引线及箭头大小等属性进行设置，如下图所示。

设置箭头样式

7.2.3 设置文字样式

在【新建标注样式：新样式】对话框中，选择【文字】选项卡，在【文字外观】、【文字位置】及【文字对齐】区域，可以分别对标注文字的样式、颜色、高度等属性进行设置，如图所示。

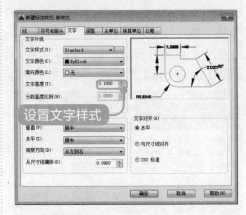

设置文字样式

7.2.4 设置调整样式

在【新建标注样式：新样式】对话框中，选择【调整】选项卡，在【调整选项】、【文字位置】、【标注特征比例】及【优化】区域，可以对标注的细节进行一些相应的调整，如图所示。

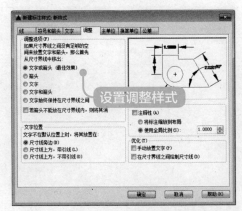

设置调整样式

7.2.5 设置标注单位样式

在【新建标注样式：新样式】对话框中，选择【主单位】选项卡，在【线性标注】区域，可以标注数字的单位格式及精度等，还可以设置其他标注的属性，如【测量单位比例】、【消零】和【角度标注】，如图所示。

7.2.6 设置换算单位样式

在【新建标注样式：新样式】对话框中，选择【换算单位】选项卡，选中【显示换算单位】复选框，即可设置换算单位的格式、精度等属性，如图所示。

举一反三

除了新建标注样式，还可以对已创建的标注样式进行修改和替代现有样式。在【标注样式管理器】对话框中，选择要修改或替代的标注样式名称，单击【修改】或【替代】按钮，然后进行修改即可，如下图所示。

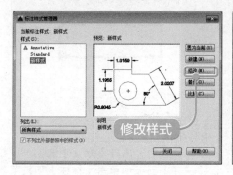

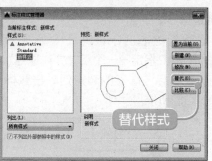

7.3 实战案例——基本尺寸标注

本节学习时间 / 6 分 54 秒

为了准确、快速地为不同形状的图形对象进行尺寸标注，可以使用线性标注、对齐标注、半径标注、直径标注和角度标注等对图形进行标注，本节将详细介绍 AutoCAD 2016 中文版基本尺寸标注方面的知识与操作技巧。

7.3.1 线性标注

线性标注用于标注图形对象的线性距离或长度，包括水平标注和垂直标注，下面将详细介绍使用线性标注的操作方法。

1 调用【线性】命令

打开"7.3 实战案例——基本尺寸标注 .dwg"素材文件，在菜单栏中，选择【标注】菜单，在弹出的下拉菜单中，选择【线性】菜单项，如图所示。

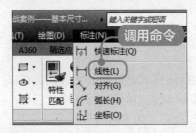

2 确定第一个原点

返回到绘图区，根据命令行提示"DIMLINEAR 指定第一个尺寸界线原点"信息，在要标注图形的起点处单击鼠标左键，如图所示。

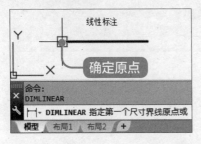

3 确定第二个原点

根据命令行提示"DIMLINEAR 确定第二条尺寸界线原点"信息，移动鼠标指针，选择图形的终点，如图所示。

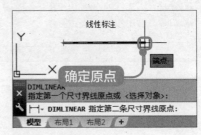

4 线性标注效果

移动鼠标指针至指定的尺寸线位置，单击鼠标左键，这样即可完成使用线性标注的操作，如图所示。

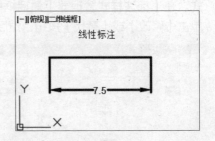

> **提示**
> 在功能区中，选择【默认】选项卡，在【注释】面板中单击【标注】下拉菜单中的【线性】菜单项，或在命令行输入【DIMALINEAR】或【DLI】命令，按下键盘上的【Enter】键，都可以调用线性标注命令。

7.3.2 对齐标注

在 AutoCAD 2016 中文版中，对齐标注是指创建与图形指定位置或对象平行的标注，对齐标注可以用来标斜线段，下面介绍使用对齐标注的操作方法。

1 调用【对齐】命令

打开"7.3 实战案例——基本尺寸标注 .dwg"素材文件，在功能区的【默认】选项卡中，单击【注释】面板中的【线性】下拉按钮 $\boxed{\text{线性} \blacktriangledown}$，在弹出的下拉菜单中，选择【对齐】菜单项，如图所示。

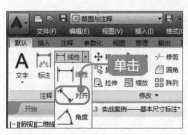

2 确定第一个原点

返回到绘图区，根据命令行提示"DIMALIGNED 指定第一个尺寸界线原点"信息，在要标注图形的起点处单击鼠标左键，如图所示。

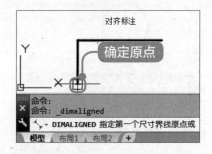

3 确定第二个原点

移动鼠标指针，根据命令行提示"DIMALIGNED 指定第二条尺寸界线原点"信息，选择图形终点，如图所示。

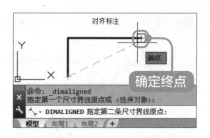

4 对齐标注效果

移动鼠标指针至指定的尺寸线位置处，单击鼠标左键，这样即可完成使用对齐标注的操作，如图所示。

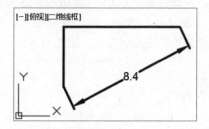

7.3.3 半径标注

使用半径标注可以测量圆或圆弧的半径，并显示前面带有半径符号的标注文字，下面介绍使用半径标注的操作方法。

1 调用【半径】命令

打开"7.3 实战案例——基本尺寸标注 .dwg"素材文件，在菜单栏中，选择【标注】菜单，在弹出的下拉菜单中，选择【半径】菜单项，如图所示。

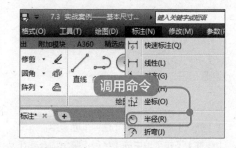

2 选择图形

返回到绘图区，根据命令行提示"DIMRADIUS 选择圆弧或圆"信息，将鼠标指针移至圆上，单击鼠标左键，如图所示。

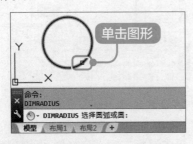

3 确定尺寸线位置

根据命令行提示"DIMRADIUS 指定尺寸线位置"信息，移动鼠标指针，至合适位置单击鼠标左键，如图所示。

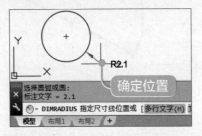

4 半径标注效果

标注图形的操作完成，通过以上步骤即可完成使用半径标注的操作，如图所示。

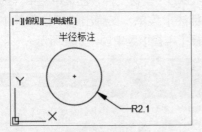

> 📣 **提示**
>
> 在【默认】选项卡中的【注释】面板中，单击【线性】下拉菜单中的【半径】菜单项，或在命令行输入【DIMRADIUS】或【DRA】命令，按下键盘上的【Enter】键，来调用半径标注命令。

7.3.4 直径标注

在 AutoCAD 2016 中文版中，使用直径标注可以测量圆或圆弧的直径，并显示前面带有直径符号的标注文字。直径标注的操作方法与半径标注的操作方式基本相同，下面介绍使用直径标注的操作方法。

1 调用直径命令

打开"7.3 实战案例——基本尺寸标注 .dwg"素材文件，在命令行输入直径命令【DIMDIAMETER】，按下键盘上的【Enter】键，如图所示。

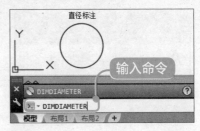

2 选择图形

返回到绘图区，根据命令行提示"DIMDIAMETER 选择圆弧或圆"信息，选择要进行直径标注的图形，如图所示。

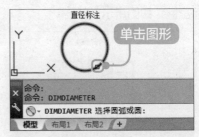

3 确定尺寸线位置

根据命令行提示"DIMDIAMETER 指定尺寸线位置"信息，移动鼠标指针，至合适位置单击鼠标左键，如图所示。

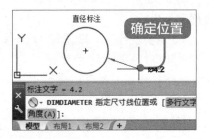

4 直径标注效果

　　确定好尺寸线的位置，通过以上步骤即可完成使用直径标注的操作，如图所示。

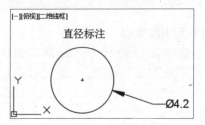

📢 **提示**

在【默认】选项卡的【注释】面板中，单击【标注】下拉菜单中的【直径】菜单项，或在菜单栏中，选择【标注】➤【直径】菜单项，也可以调用直径标注命令。

7.3.5 角度标注

　　角度标注是测量两条直线之间或三个点之间的角度，测量的对象可以是圆弧、圆和直线等，下面介绍使用角度标注的操作方法。

1 调用角度命令

　　打开"7.3 实战案例——基本尺寸标注.dwg"素材文件，在命令行输入角度命令【DIMANGULAR】，按下键盘上的【Enter】键，如图所示。

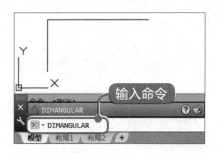

2 选择第一条直线

　　返回到绘图区，根据命令行提示"DIMANGULAR 选择圆弧、圆、直线"信息，将鼠标指针移至要标注的直线上，单击鼠标左键，如图所示。

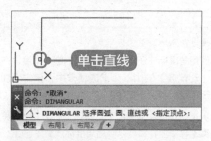

3 选择第二条直线

　　根据命令行提示"DIMANGULAR 选择第二条直线"信息，移动鼠标指针至要标注的第二条直线上，单击鼠标左键，如图所示。

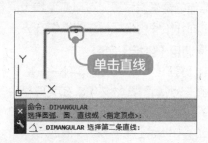

4 确定标注弧线位置

　　根据命令行提示"DIMANGULAR 指定标注弧线位置"信息，移动鼠标指针，至合适位置单击鼠标左键，如图所示。

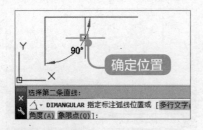

5 角度标注效果

标注操作完成，这样即可完成使用角度标注的操作，如图所示。

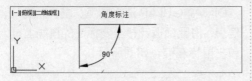

📢 提示

使用角度标注还可以标注圆弧的圆心角度。在【功能区】的【默认】选项卡中，单击【注释】面板中的【标注】下拉菜单中的【角度】菜单项，或在菜单栏中，选择【标注】➤【角度】菜单项，都可以调用角度标注命令。

7.3.6 坐标标注

在 AutoCAD 2016 中文版中，坐标标注是指用来测量原点到图形中的特征区域的垂直距离，坐标标注保持特征点与基准点的精确偏移量，可以避免增大误差，下面介绍使用坐标标注的操作方法。

1 调用【坐标】命令

打开"7.3 实战案例——基本尺寸标注 .dwg"素材文件，在菜单栏中，选择【标注】菜单，在弹出的下拉菜单中，选择【坐标】菜单项，如图所示。

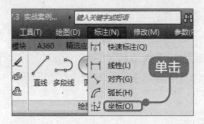

2 确定点坐标

返回到绘图区，根据命令行提示"DIMORDINATE 指定点坐标"信息，将鼠标指针移至要标注的图形上，单击鼠标左键，如图所示。

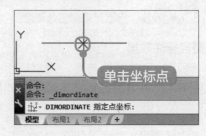

3 确定引线端点

根据命令行提示"DIMORDINATE 指定引线端点"信息，移动鼠标指针，至合适位置单击鼠标左键，如图所示。

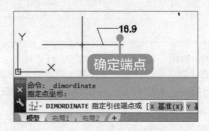

4 坐标标注效果

这时可以看到标注的效果，通过以上步骤即可完成使用坐标标注的操作，如图所示。

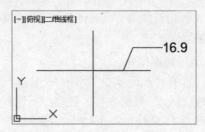

7.3.7 绘制圆心标记

在 AutoCAD 2016 中文版中，圆心标记用于给指定的圆或圆弧画出圆心符号，标记圆心，其标记可以为短十线，也可以是中心线。下面介绍使用圆心标记的操作方法。

1 调用【圆心标记】命令

打开"7.3 实战案例——基本尺寸标注.dwg"素材文件，在菜单栏中，选择【标注】菜单，在弹出的下拉菜单中，选择【圆心标记】菜单项，如图所示。

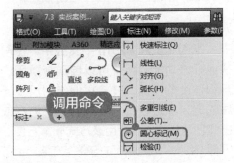

2 选择图形

返回到绘图区，根据命令行提示"DIMCENTER 选择圆弧或圆"信息，将鼠标指针移至圆上，单击鼠标左键，如图所示。

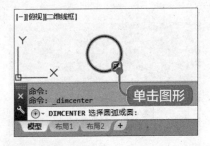

3 圆心标记效果

标注操作完成，这样即可完成绘制圆心标记的操作，如图所示。

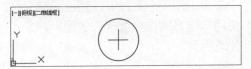

> **提示**
>
> 圆心标记的线型包括短十线和中心线两种，可以在【修改标注样式】对话框中，选择【符号和箭头】选项卡，在【圆心标记】区域中，设置圆心标记的线型以及圆心标记的大小。

7.3.8 折弯标注

折弯标注也可称其为缩放的半径标注，在某些图纸当中，大圆弧的圆心有时在图纸之外，这时就要用到折弯标注。下面介绍 AutoCAD 2016 中文版中使用折弯标注的操作方法。

1 调用折弯命令

打开"7.3 实战案例——基本尺寸标注.dwg"素材文件，在命令行输入折弯标注命令【DIMJOGGED】，按下键盘上的【Enter】键，如图所示。

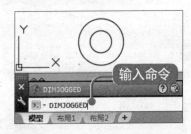

2 选择图形

返回到绘图区，根据命令行提示"DIMJOGGED 选择圆弧或圆"信息，将鼠标指针移至要标注的圆上，单击鼠标左键，如图所示。

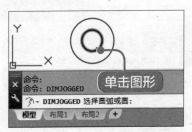

3 确定图示中心位置

根据命令行提示"DIMJOGGED 指定图示中心位置"信息，移动鼠标指针，至合适位置单击鼠标左键，如图所示。

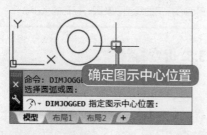

4 确定尺寸线位置

根据命令行提示"DIMJOGGED 指定尺寸线位置"信息，移动鼠标指针，至合适位置单击鼠标左键，如图所示。

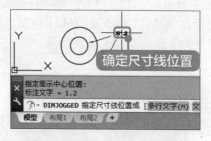

5 确定折弯位置

根据命令行提示"DIMJOGGED 指定折弯位置"信息，移动鼠标指针，至合适位置单击鼠标左键，如图所示。

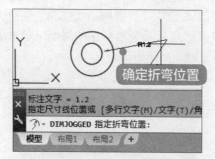

6 折弯标注效果

此时可以看到内部圆的标注，通过以上步骤即可完成使用折弯标注的操作，

如图所示。

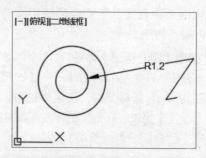

7.3.9 快速标注

在 AutoCAD 2016 中文版中，使用快速标注功能，系统可以自动查找所选几何体上的端点，并将它们作为尺寸界线的始末点进行标注，在为一系列圆或圆弧创建标注时，使用该方式非常方便。下面介绍使用快速标注的操作方法。

1 调用快速标注命令

新建 AutoCAD 空白文档并绘制图形，在【草图与注释】空间中，在【功能区】的【注释】选项卡中，在【标注】面板中，单击【快速】按钮，如图所示。

2 选择图形

返回到绘图区，根据命令行提示"QDIM 选择要标注的几何图形"信息，使用又选方式选中要标注的图形对象，如图所示。

③ 激活半径命令

根据命令行提示，选择要进行标注的类型，在命令行输入【半径（R）】选项命令 R，按下键盘上的【Enter】键，如图所示。

④ 确定尺寸线位置

移动鼠标指针，根据命令行提示"QDIM 指定尺寸线位置"信息，至合适位置单击鼠标左键，如图所示。

⑤ 快速标注效果

此时绘图区中的三个圆形的半径同时被标注出来，通过以上步骤即可完成使用快速标注的操作，如图所示。

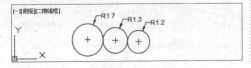

7.3.10 基线标注

基线标注是指从上一个标注或选定标注的基线处创建线性标注、角度标注或坐标标注等，下面介绍基线标注的操作方法。

① 调用基线标注命令

新建 AutoCAD 空白文档并绘制图形，在【草图与注释】空间中，在菜单栏中，选择【标注】菜单，在弹出的下拉菜单中，选择【基线】菜单项，如图所示。

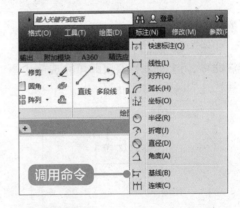

② 选择标注

返回到绘图区，根据命令行提示"DIMBASELINE 选择基准标注"信息，单击鼠标左键选中标注，如图所示。

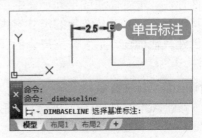

提示

在功能区的【注释】选项卡中，单击【注释】面板中的【标注】下拉菜单，也可以调用基线命令。

3 确定界线原点

根据命令行提示"DIMBASELINE 指定第二个尺寸界线原点"，移动鼠标指针，至合适位置单击鼠标左键，确定尺寸界线原点，如图所示。

4 基线标注效果

按下键盘上的【Esc】键退出基线标注命令，通过以上步骤即可完成使用基线标注的操作，如图所示。

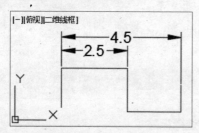

7.3.11 连续标注

连续标注是指自动从创建的上一个线性标注、角度标注或坐标标注继续创建其他标注，或者从选定的尺寸界线继续创建其他标注，下面介绍具体的操作方法。

1 调用连续标注命令

新建 AutoCAD 空白文档绘制图形，

并对图形进行线性标注，在【草图与注释】空间中，在【功能区】中的【注释】选项卡中，单击【标注】面板中的【连续】菜单项，如图所示。

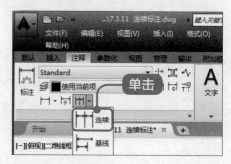

2 确定尺寸线原点

返回到绘图区，根据命令行提示"DIMCONTINUE 指定第二个尺寸界线原点"信息，在第二个尺寸界线原点处单击鼠标左键，如图所示。

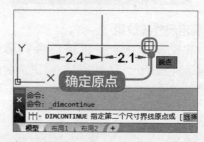

3 连续标注效果

按下键盘上的【Esc】键退出连续标注命令，这样即可完成使用连续标注的操作，如图所示。

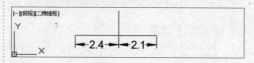

提示

使用连续标注或基本标注时，若上一步的标注操作不是线性、坐标或角度标注时，要先选择连续标注或基线标注的对象。

7.3.12 多重引线标注

多重引线标注是指用一条或多条线的一端指向准备标注的对象，在另一端添加说明文字的一种标注方法，下面将详细介绍多重引线标注方面的知识。

1. 多重引线的组成

在 AutoCAD 2016 中文版中，多重引线标注由一条短水平线将文字或块和特征控制框连接到引线上，从而标注图形内容，如下图所示。

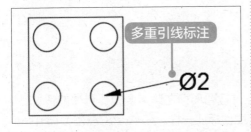

多重引线标注通常由 4 部分组成，分别为引线箭头、引线、引线基线和文字内容等，如下图所示。

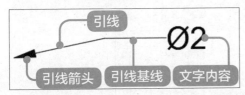

2. 创建多重引线标注

在 AutoCAD 2016 中文版中，可以根据绘图需要，直接在图形中创建多重引线标注，下面介绍创建多重引线标注的操作方法。

1 调用多重引线命令

新建 AutoCAD 空白文档并绘制图形，在【草图与注释】空间中，在【功能区】中，选择【注释】选项卡，在【引线】面板中，单击【多重引线】按钮，如图所示。

2 确定引线箭头位置

返回到绘图区，根据命令行提示"MLEADER 指定引线箭头的位置"信息，在要添加多重引线的位置单击鼠标左键，如图所示。

3 确定引线位置

根据命令行提示"MLEADER 指定引线基线的位置"信息，移动鼠标指针，至合适位置单击鼠标左键，确定引线位置，如图所示。

4 输入文字内容

弹出文字输入框，输入文字内容，如 XØ2，然后按下键盘上的【Ctrl+Enter】组合键退出多重引线命令，如图所示。

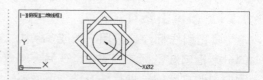

5 多重引线标注效果

这样即可完成创建多重引线标注的操作，如图所示。

> **提示**
>
> 在菜单栏中，选择【标注】菜单，在弹出的下拉菜单中，选择【多重引线】菜单项，或者在命令行输入【MLEADER】或【MLD】命令，按下键盘上的【Enter】键，来调用多重引线命令。

每种标注方式都有自己的特色，在进行图形标注时，要根据具体的情况选择相应的标注方式，弧长标注与折弯线性标注一样。在 AutoCAD 2016 中文版中，弧长标注用于测量圆弧或多段线圆弧上的距离，标注的尺寸界线在标注文字的上方，且在标注文字的前面显示圆弧符号，如下图所示。

折弯标注一般在半径较大、引线过长的时候使用，如下图所示。

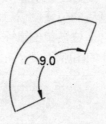

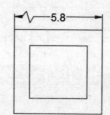

7.4 实战案例——标注形位公差

本节学习时间 / 2 分 49 秒

形位公差表示特征的形状、轮廓、方向、位置和跳动的允许偏差，可以通过特征控制框来添加形位公差，本节将介绍形位公差方面的知识。

7.4.1 形位公差的符号表示

在 AutoCAD 2016 中文版中，在菜单栏中，选择【标注】▶【公差】菜单项，在弹出的【形位公差】对话框中，单击【符号】按钮，可以在弹出的【特征符号】对话框中看到所有的形位公差符号，如图所示。

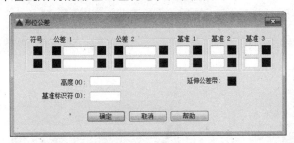

形位公差由公差符号和公差数值等几部分组成。形位公差包括形状公差与位置公差，而位置公差又包括定向公差和定位公差。每个符号所代表的标注含义如下图所示。

分类	特征项目	符号	分类	特征项目	符号
形状公差	直线度	—	位置公差	定向 平行度	//
	平面度	▱		垂直度	⊥
	圆度	○		倾斜度	∠
	圆柱度	⌭	定位	同轴度	◎
	线轮廓度	⌒		对称度	=
				位置度	⊕
	面轮廓度	⌓	跳动	圆跳动	↗
				全跳动	⌰

7.4.2 给图形添加形位公差

形位公差分为带引线形位公差和不带引线形位公差，下面将详细介绍给图形添加形位公差方面的知识。

1. 添加带引线的形位公差

在 AutoCAD 2016 中文版中，用户可以创建带引线的形位公差标注，下面介绍具体的操作方法。

1 调用快速引线命令

新建 AutoCAD 空白文档并绘制图形，在【草图与注释】空间中，在命令行输入【快速引线】命令 QLEDEAR，按下键盘上的【Enter】键，如图所示。

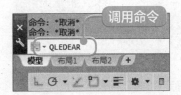

2 激活设置命令

根据命令行提示"QLEADER 指定第一个引线点或【设置（S）】"，在命令行输入 S，按下键盘上的【Enter】键，激活【设置】选项，如图所示。

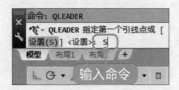

3 弹出【引线设置】对话框

弹出【引线设置】对话框，选择【注释】选项卡，在【注释类型】区域中，选中【公差】单选按钮，单击【确定】按钮 确定 ，如图所示。

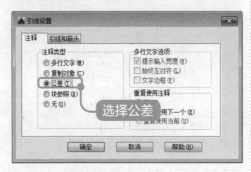

4 确定引线起点

返回到绘图区，根据命令行提示"QLEADER 指定第一个引线点"信息，在指定位置单击鼠标左键，如图所示。

5 确定引线的下一点

根据命令行提示"QLEADER 指定下

一点"信息，移动鼠标指针，至合适位置单击鼠标左键，如图所示。

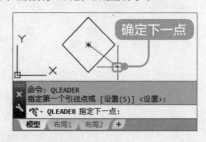

6 输入文字内容

根据命令行提示"QLEADER 指定下一点"信息，移动鼠标指针，至合适位置单击鼠标左键，如图所示。

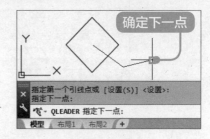

7 弹出【形位公差】对话框

弹出【形位公差】对话框，单击【符号】按钮■，如图所示。

8 选择公差符号

弹出【特征符号】对话框，选择要使用的公差符号，如图所示。

⑨ 输入公差内容

返回到【形位公差】对话框，在【公差1】文本框中输入公差值，在【公差2】文本框中输入B，单击【确定】按钮 确定 ，如图所示。

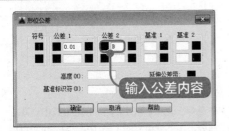

⑩ 带引线的形位公差效果

返回到绘图区，带引线的形位公差创建完成，通过以上步骤即可完成创建带引线的形位公差的操作，如图所示。

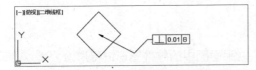

提示

在命令行输入QLEADER命令，按下键盘上的【Enter】键，在弹出的【引线设置】对话框中，在【注释类型】区域中选中【多行文字】单选按钮，可以为图形创建全文字的注释。

2. 添加不带引线的形位公差

可以将不带引线的形位公差标注放置到图形的旁边，来对图形对象进行说明，下面介绍创建不带引线的形位公差的操作方法。

① 调用公差命令

新建 AutoCAD 空白文档并绘制图形，在【草图与注释】空间中，在功能区中，选择【注释】选项卡，在【标注】面板中，单击【公差】按钮，如图所示。

② 弹出【形位公差】对话框

弹出【形位公差】对话框，单击【符号】按钮，如图所示。

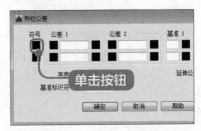

③ 选择公差符号

在弹出的【特征符号】对话框中，选择要使用的公差符号，如图所示。

④ 输入公差内容

返回到【形位公差】对话框，在【公差1】文本框中输入公差值，在【公差2】文本框中输入 A，单击【确定】按钮 确定 ，如图所示。

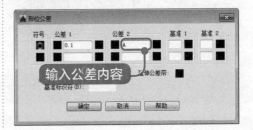

⑤ 确定公差位置

　　返回到绘图区，根据命令行提示"TOLERANCE 输入公差位置"信息，在指定位置单击鼠标左键，如图所示。

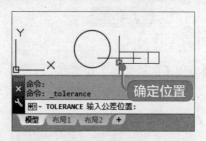

⑥ 不带引线的形位公差效果

　　此时可以看到创建的不带引线的形位公差，这样即可完成创建不带引线的形位公差的操作，如图所示。

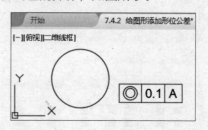

> 📢 提示
>
> 在命令行输入【TOLERANCE】或【TOL】命令，按下键盘上的【Enter】键，也可以调用形位公差命令。

举一反三

　　使用标注形位公差功能，可以对机械平面图中的零件图形进行形位公差的标注，同样也可以使用【特性】选项板来对机械零件进行尺寸公差标注，如下图所示。

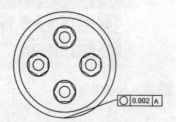

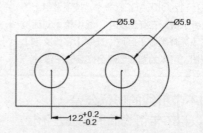

7.5 实战案例——编辑尺寸标注

本节学习时间 / 2分45秒 ▶

　　在 AutoCAD 2016中文版中，对于已创建的标注对象的文字、位置及样式等内容，可以根据国家绘图的标准进行设定和重新编辑，而不必删除所标注的尺寸对象再重新进行标注，本节将介绍编辑标注方面的知识与操作技巧。

7.5.1 编辑标注文字与位置

对于已经创建的标注文字，可以编辑其文字内容与位置，下面将详细介绍编辑标注文字与位置的操作方法。

1 双击标注文字

新建 AutoCAD 空白文档，绘制图形并创建标注，在【草图与注释】空间中，双击创建的标注文字，如图所示。

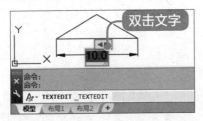

2 编辑文字内容

返回到绘图区，在出现的文字输入框中，编辑文字内容，即可完成编辑标注文字的操作，如图所示。

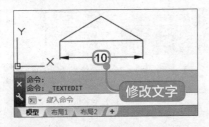

3 选择标注对齐方式

在菜单栏中，选择【标注】菜单，在弹出的下拉菜单中，选择【对齐文字】➤【左】菜单项，如图所示。

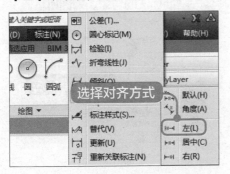

4 输入文字内容

返回到绘图区，根据命令行提示"DIMTEDIT 选择标注"信息，单击选择标注文字，如图所示。

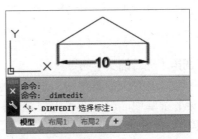

5 多重引线标注效果

此时可以看到标注文字的位置发生改变，通过以上步骤即可完成编辑标注文字与位置的操作，如图所示。

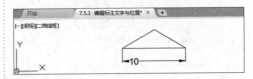

> **📢 提示**
>
> 在菜单栏中，选择【标注】菜单，在弹出的下拉菜单中选择【对齐文字】➤【角度】菜单项，可以设置标注文字的显示角度。

7.5.2 翻转箭头

在 AutoCAD 2016 中文版中，有时需要调整尺寸标注的箭头方向，下面介绍具体的操作步骤。

1 选择要翻转的箭头

新建 AutoCAD 空白文档，并绘制图形创建标注，选择标注，右击要翻转的箭头旁边的节点，如图所示。

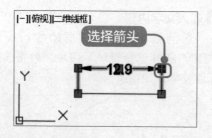

2 调用【翻转箭头】命令

在弹出的快捷菜单中，选择【翻转箭头】菜单项，这样即可完成翻转箭头的操作，如图所示。

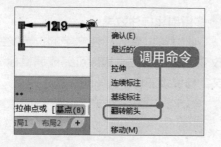

提示

如果两侧尺寸箭头均需调整的话，需重复操作两次。

7.5.3 尺寸关联性

在 AutoCAD 2016 中文版中，标注可以是关联的、无关联的或分解的。关联标注根据所测量的几何对象的变化而进行调整。例如，绘制一条直线，并进行标注，然后修改直线的长度，这时标注的尺寸与实际的尺寸就会不相符，于是就需要使用 DIMASSOC 进行设置。

标注关联性定义几何对象和为其提供距离和角度与标注间的关系。几何对象和标注之间有三种关联性。

✿ 关联标注：将 DIMASSOC 系统变量设置为 2，当与其关联的几何对象被修改时，关联标注将会自动调整其位置、方向和测量值。

✿ 非关联标注：将 DIMASSOC 系统变量设置为 1 时，非关联标注在其测量的几何对象被修改时不发生更改。

✿ 已分解的标注：将 DIMASSOC 系统变量设置为 0，包含单个对象而不是单个标注对象的集合。

7.5.4 调整标注间距

在 AutoCAD 2016 中文版中，标注间距又称为调整间距，可以调整线性标注或角度标注之间的间距，下面介绍调整标注间距的操作方法。

1 调用【标注间距】命令

新建 AutoCAD 空白文档，绘制图形并创建标注，在【草图与注释】空间中，在菜单栏中，选择【标注】菜单，在弹出的下拉菜单中，选择【标注间距】菜单项，如图所示。

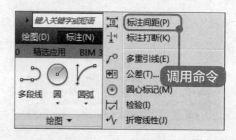

2 选择基准标注

返回到绘图区，根据命令行提示"DIMSPACE 选择基准标注"信息，选择作为基准标注的对象，如图所示。

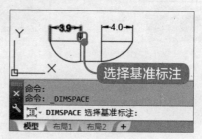

③ 选择要产生间距的标注

根据命令行提示"DIMSPACE 选择要产生间距的标注"信息，移动鼠标指针，选择要使用的标注，如图所示。

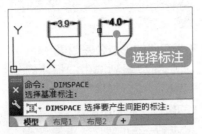

④ 输入文字内容

按下键盘上的【Enter】键结束选择标注操作，根据命令行提示"DIMSPACE 输入值"信息，在命令行输入标注的间距值3，在键盘上按下【Enter】键，如图所示。

⑤ 多重引线标注效果

选中的标注间距发生变化，这样即可完成使用标注间距的操作，如图所示。

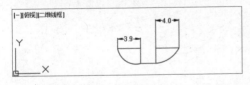

> **提示**
>
> 在功能区中，选择【注释】选项卡，在【标注】面板中单击【调整间距】按钮，也可以调用标注间距命令。

7.5.5 标注打断

在绘制图形时，有时会根据工作的需要，不显示尺寸标注或尺寸界线等，

这时可以使用打断尺寸标注功能来实现，下面介绍标注打断的操作方法。

① 调用打断命令

新建 AutoCAD 空白文档，绘制图形并创建标注，在【草图与注释】空间中，在【功能区】中，选择【注释】选项卡，在【标注】面板中，单击【打断】按钮，如图所示。

② 选择尺寸标注

返回到绘图区，根据命令行提示"DIMBREAK 选择要添加/删除折断的标注"信息，移动光标至标注的位置，单击鼠标左键，如图所示。

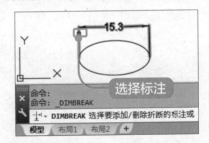

③ 激活手动命令

根据命令行提行"DIMBREAK 选择要折断标注的对象"信息，在命令行输入【手动（M）】选项命令 M，按下键盘上的【Enter】键，如图所示。

4 选择第一个打断点

返回到绘图区，根据命令行提示
"DIMBREAK指定第一个打断点"信息，
选择第一个打断点，如图所示。

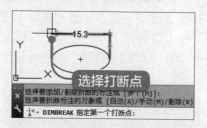

5 确定公差位置

根据命令行提示"DIMBREAK 指定
第二个打断点"信息，在第二个打断点
位置单击鼠标左键，如图所示。

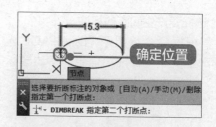

6 不带引线的形位公差效果

此时可以看到选中的标注的一条尺
寸界线被打断，这样即可完成打断尺寸
标注的操作，如图所示。

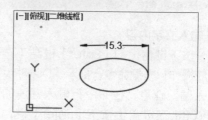

通过【特性】选项板也可以对尺寸标注进行编辑，如下左图所示。多重
引线标注同尺寸标注一样，也可以进行添加引线等编辑操作，如下右图所示。

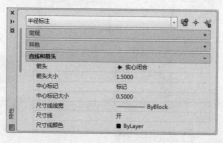

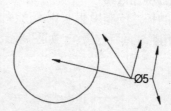

7.6 实战案例——尺寸标注的常用操作

本节学习时间 / 1 分 55 秒

通过本章所学的知识，可以熟练掌握图形尺寸标注操作方面的知识，本节将介绍
关于尺寸标注常用操作方面的知识。

7.6.1 删除多重引线

在 AutoCAD 2016 中文版中，为了保持绘图界面整洁，可以删除多余的引线，下面介绍删除多重引线的操作方法。

1 调用删除引线命令

打开"多重引线.dwg"素材文件，在【功能区】中，选择【注释】选项卡，在【引线】面板中单击【删除引线】按钮 ⌀，如图所示。

2 选择引线

返回到绘图区，根据命令行提示"AIMLEADEREDITREMOVE 选择多重引线"信息，选择多重引线标注，如图所示。

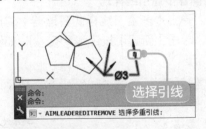

3 选择要删除的引线

移动鼠标指针，根据命令行提示"AIMLEADEREDITREMOVE 指定要删除的引线"信息，选中要删除的引线，如图所示。

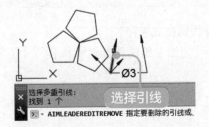

4 完成删除引线操作

在键盘上按下【Enter】键退出删除引线命令，此时可以看到引线被删除，通过以上步骤即可完成删除多重引线的操作，如图所示。

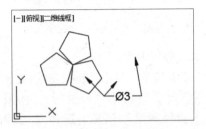

7.6.2 倾斜标注

在 AutoCAD 2016 中文版中，当尺寸界线与图形的其他要素冲突时，可以使用倾斜命令将标注的延伸线倾斜，倾斜角从 UCS 的 X 轴进行测量。下面介绍倾斜标注的操作方法。

1 调用倾斜命令

打开"倾斜标注.dwg"素材文件，在【草图与注释】空间中，在菜单栏中，选择【标注】菜单，在弹出的下拉菜单中，选择【倾斜】菜单项，如图所示。

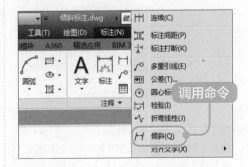

2 选择标注

返回到绘图区，根据命令行提示"DIMEDIT 选择对象"信息，单击鼠标左键选中标注对象，如图所示。

③ 输入倾斜角度

在键盘上按下【Enter】键结束选择标注操作，根据命令行提示"DIMEDIT 输入倾斜角度"信息，在命令行输入270，按下键盘上的【Enter】键，如图所示。

④ 完成倾斜标注操作

此时可以看到倾斜后的标注，这样即可完成倾斜标注的操作，如图所示。

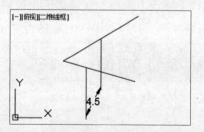

> 📢 提示
>
> 在命令行输入【DIMEDIT】命令，然后激活【旋转】命令，在命令行输入标注文字的角度，按下键盘上的【Enter】键，可以对文字进行旋转。

7.6.3 设置多重引线样式

在对图形对象创建多重引线之前，可以根据绘图需要，在【多重引线样式管理器】对话框中，设置多重引线的箭头、引线、文字等样式，下面将介绍设置多重引线样式的操作方法。

① 调用【多重引线样式】命令

新建 AutoCAD 空白文档，在【草图与注释】空间中，在菜单栏中，选择【格式】菜单，在弹出的下拉菜单中，选择【多重引线样式】菜单项，如图所示。

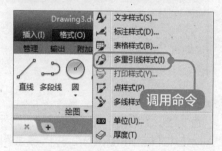

② 新建多重引线样式

弹出【多重引线样式管理器】对话框，单击【新建】按钮 新建(N)...，如图所示。

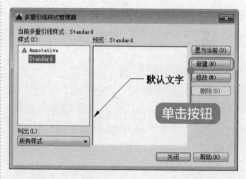

③ 设置样式名称

弹出【创建新多重引线样式】对话

框，在【新样式名】文本框中，输入多重引线样式名称，单击【继续】按钮 继续 ，如图所示。

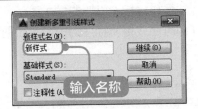

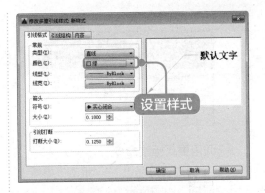

📢 提示

在【多重引线样式管理器】对话框中，选择【内容】选项卡，可以设置多重引线文字的格式。

4 设置引线样式

弹出【修改多重引线样式：新样式】对话框，选择【引线格式】选项卡，在【常规】区域中的【颜色】下拉列表框中，设置颜色为绿色，单击【确定】按钮 确定 ，如图所示。

5 完成多重引线样式设置

返回到【多重引线样式管理器】对话框，单击【关闭】按钮 关闭 ，即可完成设置多重引线样式的操作，如图所示。

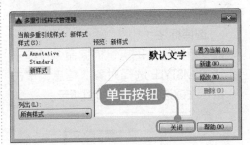

本节将介绍更新标注的具体方法，帮助读者学习与快速提高。

技巧 • 更新标注

在 AutoCAD 2016 中文版中，选择标注样式后，使用更新标注功能可以在两个标注样式之间进行切换，下面介绍更新标注的操作方法。

1 选择标注样式

打开"更新标注 .dwg"素材文件，选择【注释】选项卡，在【标注】面板中的【标注样式】下拉列表框中，选择【样式 1】选项，如图所示。

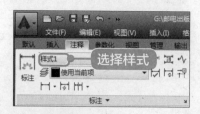

② 调用更新标注命令

在【标注】面板中，单击【更新】
按钮图，如图所示。

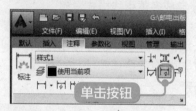

③ 选择标注

返回到绘图区，根据命令行提示
"-DIMSTYLE 选择对象"信息，单击
鼠标左键选择标注，如图所示。

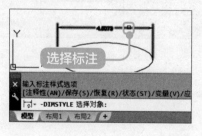

④ 更新标注效果

按下键盘上的【Enter】键结束选
择标注操作，标注以新的样式显示，
这样即可完成更新标注的操作，如图
所示。

> 🔊 提示
>
> 在菜单栏中，选择【标注】菜单，在弹出
> 的下拉菜单中，选择【更新】菜单项，也
> 可以调用标注更新命令。

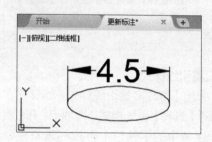

第 8 章

图块与图案填充

本章视频教学时间 / 15 分 10 秒

🎧 重点导读

本章主要介绍了创建图块、编辑图块、图块属性和图案填充方面的知识与技巧，同时还讲解了面域及查询方面的知识与操作方法。通过本章的学习，读者可以掌握图块与图案填充方面的知识，为深入学习 AutoCAD 2016 奠定基础。

📖 本章主要知识点

- ✓ 创建图块
- ✓ 编辑图块
- ✓ 图块属性
- ✓ 实战案例——图案填充
- ✓ 实战案例——面域
- ✓ 查询

8.1 创建图块

本节学习时间 / 1 分 54 秒

在 AutoCAD 2016 中文版中，为了提高工作效率，可以将经常重复使用的图形对象组合在一起定义成一个块。这样在绘制机械图的过程中，用户可以随时将其插入到其他图形中，同时可以对块进行缩放、旋转等操作，本小节介绍创建图块方面的知识与操作技巧。

8.1.1 块定义与特点

图块是一组图形实体的总称，其拥有各自的图层、线型、颜色等特征。在绘制图形时，如果图形中有大量相同或相似的内容，可以将这些重复绘制的图形定义成块。为了大大地提高工作效率，可以为定义好的图块指定名称、用途及设计者等信息，然后再根据绘图需要，将块插入到图形中。

在 AutoCAD 2016 中文版中，块拥有以下特点。

↬ 提高绘图速度：使用图块可以将重复的图形定义成块，这样在绘制图形时，用户可以有效地提高工作效率。

↬ 节省存储空间：使用图块可将图形信息存储在块属性中，这样可以节省绘图的磁盘空间。

↬ 便于修改图形：使用块后，只要对块进行再定义块的操作，图中插入的所有该块均会自动进行修改。

↬ 加入属性：使用块，用户可以将文字信息、说明等添加到块属性中，并且可以根据工作需要，从图中提取这些信息并将其传送到数据库中。

8.1.2 创建内部块

内部块也称作临时块，是指在当前图形中创建并使用的块，下面介绍创建

内部图块的操作方法。

1 调用创建块命令

新建 AutoCAD 空白文档并绘制图形，在【草图与注释】空间中，在菜单栏中，选择【绘图】菜单，在弹出的下拉菜单中，选择【块】>【创建】菜单项，如图所示。

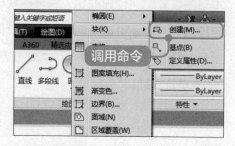

2 设置块名称

弹出【块定义】对话框，在【名称】文本框中，输入块的名称，在【对象】区域中，单击【选择对象】按钮，如图所示。

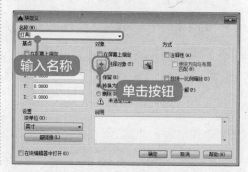

3 选择图形对象

返回到绘图区，根据命令行提示"BLOCK 选择对象"信息，使用叉选方式选择图形对象，如图所示。

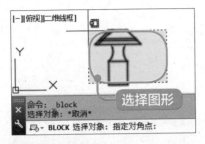

4 完成创建块操作

按下键盘上的【Enter】键，返回到【块定义】对话框，单击【确定】按钮 确定 ，这样即可完成创建内部块的操作，如图所示。

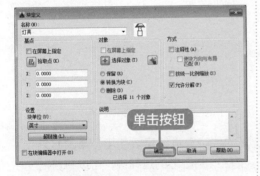

> **提示**
>
> 在功能区中，选择【默认】选项卡，在【块】面板中单击【创建】按钮，或者在命令行输入【BLOCK】命令，按下键盘上的【Enter】键，都可以调用创建块命令。

8.1.3 创建外部块

因内部块只限于在创建块的文件中使用，所以有时也需要创建外部块，以便于在其他文件中使用。下面将介绍创建外部图块的操作方法。

1 调用创建块命令

新建 AutoCAD 空白文档并绘制图形，在【草图与注释】空间中，在命令行输入【创建外部块】命令 WBLOCK，按下键盘上的【Enter】键，如图所示。

2 单击【选择对象】按钮

弹出【写块】对话框，在【对象】区域中，选中【转换为块】单选按钮，然后单击【选择对象】按钮 ，如图所示。

3 选择图形对象

返回到绘图区，根据命令行提示"WBLOCK 选择对象"信息，使用叉选方式选择图形对象，如图所示。

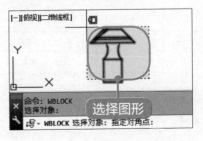

> **提示**
>
> 外部块是将块保存在独立的文件中，而不是依赖于某一图形文件，其自身就是一个图形文件，在插入块时只需要指定图形文件的名称即可。

4 完成创建块操作

按下键盘上的【Enter】键，返回到【写块】对话框，在【目标】区域中，在【文件名和路径】下拉列表框中，设置外部块的存放路径，单击【确定】按钮 确定 ，即可完成创建外部块的操作，如图所示。

> **提示**
>
> 因为DWG文件能够被AutoCAD其他文件使用，所以创建外部块实际上是将图块保存为DWG文件。

举一反三

块的使用非常方便、快捷，而且定义的块可以进行重复使用，修改起来也非常方便。在使用 AutoCAD 2016 中文版绘制图形的过程中，可以将绘制的 A4 图纸模板、植物装饰等图形创建为块，便于以后使用，如下图所示。

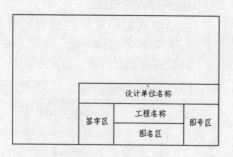

8.2 编辑图块

本节学习时间 / 2 分 56 秒

在 AutoCAD 2016 中文版中，对于创建好的图块，可以对其进行一些修改与编辑操作，包括分解块、删除块和清理块等，本节将重点介绍编辑图块方面的知识与操作技巧。

8.2.1 使用块编辑器

块编辑器包含一个特殊的编写区域，用于为当前图形创建和更改块定义。在该区域中，可以像在绘图区域中那样，绘制和编辑几何图形，下面介绍使用块编辑器的操作方法。

1 调用块编辑命令

新建 AutoCAD 空白文档并创建块，在【草图与注释】空间中，在【功能区】中，选择【默认】选项卡，在【块】面板中，单击【编辑】按钮，如图所示。

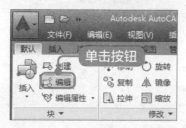

2 选择块

弹出【编辑块定义】对话框，在【要创建或编辑的块】区域中，选择要编辑的块名称，单击【确定】按钮，如图所示。

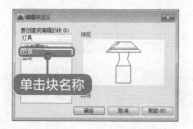

3 调用【线性】命令

弹出【块编辑器】选项卡，选择【默认】选项卡，在【注释】面板中的【线性】下拉菜单中，选择【线性】菜单项，如图所示。

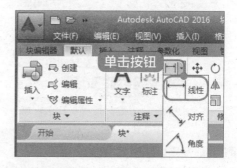

4 添加标注

返回到块编辑区，根据命令行提示，为编辑区域中的图形添加线性标注，如图所示。

5 关闭编辑器

返回到【块编辑器】选项卡，在【关闭】面板中，单击【关闭块编辑器】按钮，如图所示。

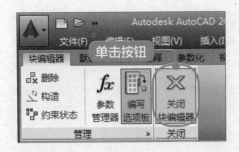

6 添加标注

在弹出的【块 - 未保存更改】对话框中，单击【将更改保存到 灯具】选项，如图所示。

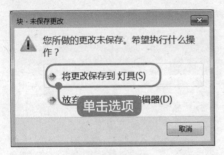

7 完成使用块编辑器操作

此时创建的块已发生改变，这样即可完成使用块编辑器的操作，如图所示。

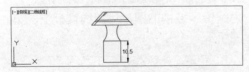

> **提示**
> 双击图块，或者在命令行中输入【BEDIT】命令，都可以打开【编辑块定义】对话框。

8.2.2 插入块

在 AutoCAD 2016 中文版中，通过执行插入块操作，可以将块应用到图形当中，并且在插入块之前，可以确定其插入的角度和比例，下面将详细介绍插入块的具体操作方法。

1 调用插入块命令

在【草图与注释】空间中，在菜单栏中，选择【插入】菜单，在弹出的下拉菜单中，选择【块】菜单项，如图所示。

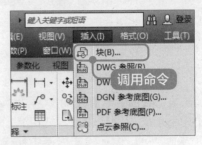

2 选择插入块的名称

弹出【插入】对话框，在【名称】下拉列表中，选择要插入块的名称，单击【确定】按钮，如图所示。

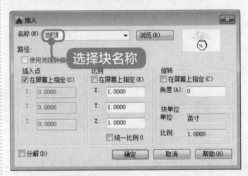

3 确定块插入位置

返回到绘图区，根据命令行提示"INSERT 指定插入点"信息，在空白处任意位置单击鼠标左键，如图所示。

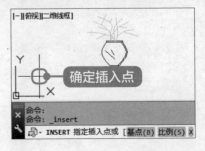

4 完成创建块操作

此时可以看到图块插入到绘图区中，通过以上步骤即可完成插入块的操作，如图所示。

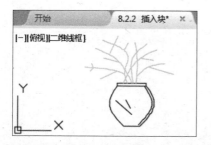

> 📢 提示
>
> 选择【默认】选项卡，在【块】面板中单击【插入块】按钮，或者在命令行中输入【INSERT】或【I】命令，按下键盘上的【Enter】键，来调用插入块命令。

8.2.3 分解块

块的分解是指将插入到图形中的块分解成单个对象，方便用户对分解后的块执行修改操作，下面介绍分解块的操作方法。

1 调用分解命令

在【草图与注释】空间中，在【功能区】中，选择【默认】选项卡，在【修改】面板中，单击【分解】按钮，如图所示。

2 选择块

返回到绘图区，根据命令行提示"EXPLODE 选择对象"信息，单击鼠标左键选中要分解的块，如图所示。

3 分解块效果

在键盘上按下【Enter】键退出分解命令，这样即可完成分解块的操作，图块分解后与分解前的效果如图所示。

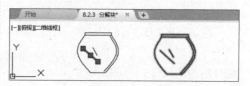

8.2.4 删除和清理块

在 AutoCAD 2016 中文版中，使用清理和删除块功能，可以对不使用的块对象进行清除操作，下面介绍删除与清理块的操作方法。

1. 删除块

当图形中出现多余的块时，可以对其进行删除操作。具体的操作方法是：在功能区中，选择【默认】选项卡，在【修改】面板中，单击【删除】按钮，选择要删除的块，按下键盘上的【Enter】键即可。

2. 清理块

对于一些创建完成后未使用的块，可以使用清理功能将其清除，具体的操作方法是: 单击【应用程序】按钮 , 在弹出的下拉菜单中, 单击【图形实用工具】子菜单下的【清理】选项, 在弹出的【清理】对话框中清理未使用的块即可, 如下图所示。

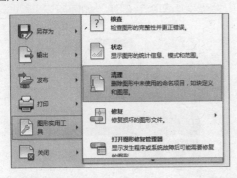
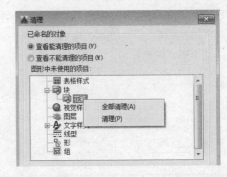

8.3 图块属性

本节学习时间 / 1 分 45 秒

在 AutoCAD 2016 中文版中, 一个块附带很多信息, 这些信息就称为属性。它是块的一个组成部分, 从属于块, 可以随块一起保存并随块一起插入图形中, 本节将详细介绍图块属性方面的知识。

8.3.1 块属性的特点

通常在第一次建立块时, 块的属性就可以被定义, 也可以在插入块时为其增加属性, 同时还允许用户自定义块的属性, 块属性拥有如下特点。

⚐ 一个属性包括属性标签 (Attribute tag) 和属性值 (Attribute value) 两个内容。例如, 把 "name (姓名)" 定义为属性标签, 而每一次块引用时的具体姓名, 如 "张华" 就是属性值, 即称为属性。

⚐ 在定义块之前, 每个属性要用属性定义命令 (ATTDEF) 进行定义, 由此来确定属性标签、属性提示、属性默认值、属性的显示格式、属性在图中的位置等。属性定义后, 该属性以其标签在图形中显示出来, 并把有关的信息保留在图形文件中。

⚐ 在定义块前, 可以用 PROPER-TIES、DDEDIT 等命令修改属性定义, 属性必须依赖于块而存在, 没有块就没有属性。

⚐ 在插入块时, 通过属性提示要求输入属性值, 插入块后属性用属性值显示, 因此, 同一个定义块, 在不同的插入点可以有不同的属性值。

⚐ 在块插入后, 可以用属性显示控制命令 (ATTDISP) 来改变属性的可见性显示, 可以用属性编辑命令 (ATTEDIT) 对属性作修改, 也可以用属性提取命令 (ATTEXIT) 把属性单独提取出来写入文件, 以供制表使用, 也可以与其他高级语言（如 FORTRAN、BASIC、C 等）或数据库（如 DBase、FoxBASE）进行数据通信。

8.3.2 定义图块属性

在 AutoCAD 2016 中文版中，可以通过定义图块属性信息来描述块的特征，包括标记、提示符、属性值等，下面将介绍定义图块属性的操作方法。

1 调用定义属性命令

新建 AutoCAD 空白文档并创建块，在【草图与注释】空间中，在【功能区】中，选择【插入】选项卡，在【块定义】面板中，单击【定义属性】按钮，如图所示。

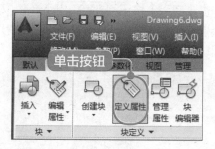

2 设置属性内容

弹出【属性定义】对话框，在【属性】区域中，在【标记】文本框中输入标记信息，在【提示】文本框中，输入提示信息，单击【确定】按钮 **确定** ，如图所示。

3 确定属性起点位置

返回到绘图区，根据命令行提示"ATTDEF 指定起点"信息，在合适的位置单击鼠标左键，确定属性内容的位置，如图所示。

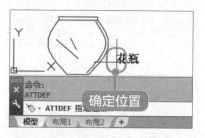

4 定义图块属性效果

此时定义属性的块显示在绘图区中，这样即可完成定义图块属性的操作，如图所示。

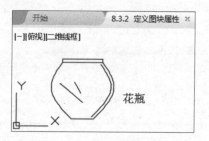

> 📢 提示
>
> 在菜单栏中，选择【绘图】➤【块】➤【定义属性】菜单项，或者在命令行输入【ATTDEF】命令，按下键盘上的【Enter】键，都可以调用定义属性命令。

8.3.3 修改属性定义

由于对块定义中的属性所做的任何更改均反映在块参照中，所以如果要修改块的属性定义，可以使用图块管理属性命令。下面介绍修改块属性定义的操作方法。

1 调用管理属性命令

在【功能区】中，选择【插入】选项卡，在【块定义】面板中，单击【管理属性】按钮，如图所示。

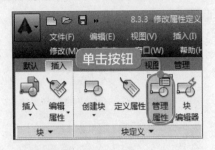

2 单击【编辑】按钮

弹出【块属性管理器】对话框，在【块】下拉列表框中，选择要编辑的块，单击【编辑】按钮 编辑(E)... ，如图所示。

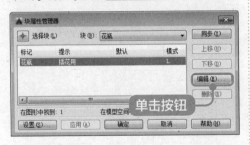

3 修改块属性内容

弹出【编辑属性】对话框，选择【属性】选项卡，在【数据】区域中，编辑【标记】文本框中的内容，单击【确定】按钮 确定 ，如图所示。

4 修改属性定义效果

返回到【块属性管理器】对话框，单击【应用】按钮 应用(A) ，单击【确定】按钮 确定 ，这样即可完成管理图块属性的操作，如图所示。

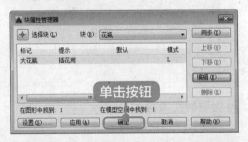

8.4 实战案例——图案填充

本节学习时间 / 4分04秒

在 AutoCAD 2016 中文版中，图案填充一般是用来区分工程的部件或用来表现组成对象的材质的。一般可以使用图案或者选定的颜色等来填充指定的区域，本节将介绍图案填充方面的知识与操作方法。

8.4.1 定义填充图案的边界

图案边界由封闭区域的图形对象组成，在填充图案之前需要先定义图案的边界。定义填充图案边界方式分为选择定义和拾取点定义，下面介绍定义填充图案的边界的操作方法。

1 调用边界命令

新建 AutoCAD 空白文档并绘制图形，在【草图与注释】空间中，在【功能区】的【绘图】面板中，单击【填充】下拉按钮 ，在弹出的下拉菜单中，选择【边界】菜单项，如图所示。

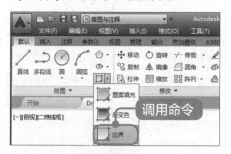

2 单击【拾取点】按钮

弹出【边界创建】对话框，在【边界保留】区域，选择【多段线】选项，单击【拾取点】按钮 ，如图所示。

3 拾取点

返回到绘图区，根据命令行提示"BOUNDARY 拾取内部点"信息，在要填充图案的区域单击鼠标左键，如图所示。

4 定义图案边界效果

按下键盘上的【Enter】键退出【边界】选项卡，这样即可完成定义填充图案边界的操作，如图所示。

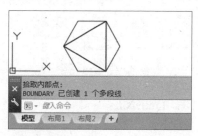

8.4.2 图案填充

图案填充是指使用填充图案对封闭区域或选定的对象进行填充的操作，下面介绍选择图案填充的操作方法。

1 调用图案填充命令

新建 AutoCAD 空白文档并绘制图形，在【草图与注释】空间中，在菜单栏中，选择【绘图】菜单，在弹出的下拉菜单中，选择【图案填充】菜单项，如图所示。

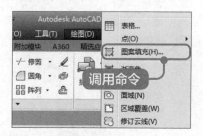

2 选择填充图案

弹出【图案填充创建】选项卡，在【图案】面板中，在【图案填充类型】下拉列表框中选择图案，如图所示。

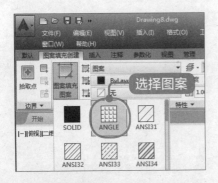

3 选择填充的图形

返回到绘图区，根据命令行提示"HATCH 拾取内部点"信息，移动鼠标指针至要填充的区域，单击鼠标左键，如图所示。

4 完成图案填充操作

按下键盘上的【Enter】键退出【图案填充创建】选项卡，这样即可完成选择图案填充的操作，如图所示。

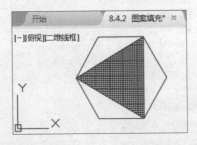

> 📢 提示
>
> 在菜单栏中，选择【绘图】菜单，在弹出的下拉菜单中，选择【图案填充】菜单项，或者在命令行中输入【BHATCH】或【BH】命令，按下键盘上的【Enter】键，也可以调用图案填充命令。

8.4.3 编辑填充的图案

在 AutoCAD 2016 中文版中，使用图案填充图形后，如果填充的效果达不到工作要求，可以进行编辑和修改，下面介绍编辑填充图案的操作方法。

1 调用【图案填充编辑】命令

新建 AutoCAD 空白文档并创建图案填充，在【草图与注释】空间中，使用鼠标右键单击已填充的图形，在弹出的快捷菜单中，选择【图案填充编辑】菜单项，如图所示。

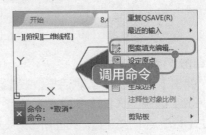

2 单击【图案】按钮

弹出【图案填充编辑】对话框，选择【图案填充】选项卡，在【类型和图案】区域中，单击【图案】按钮，如图所示。

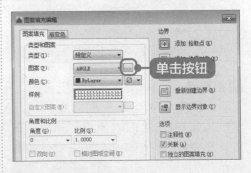

3 选择图案类型

弹出【填充图案选项板】对话框，选择【ANSI】选项卡，在【ANSI】列表框中，选择要应用的图案类型，单击【确定】按钮，如图所示。

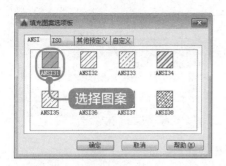

4 完成编辑填充图案操作

返回到【图案填充编辑】对话框，在【类型和图案】区域中的【颜色】下拉列表框中选择图案的颜色，单击【确定】按钮 确定 ，即可完成编辑填充图案的操作，如图所示。

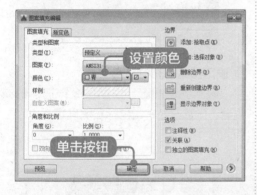

提示

如果对定义的填充图案边界不满意或不需要时，可以选中该边界，在弹出的【图案填充编辑器】选项卡中，单击【删除边界对象】按钮，然后单击选中要删除的边界对象，按下【Enter】键即可完成删除边界的操作。

8.4.4 设置与创建渐变色填充

在 AutoCAD 2016 中文版中，除了使用图案填充，还可以使用渐变色对图形进行填充，下面介绍设置与创建渐变色填充的操作方法。

1. 设置渐变色填充

在为图形创建渐变色填充操作之前，需要先设置要填充的渐变颜色，下面将介绍设置渐变色填充的操作方法。

1 调用渐变色命令

新建 AutoCAD 空白文档，在【草图与注释】空间中，在菜单栏中，选择【绘图】菜单，在弹出的下拉菜单中，选择【渐变色】菜单项，如图所示。

2 设置渐变色

弹出【图案填充创建】选项卡，在【特性】面板中，在【图案填充类型】下拉列表框中，选择【渐变色】选项，在【渐变色1】下拉列表框中，选择颜色为蓝色，在【渐变色2】下拉列表框中，选择颜色为黄色，即可完成设置渐变色填充的操作，如图所示。

2. 创建渐变色填充

在设置好渐变色填充后，即可为图形创建渐变色填充，下面将介绍具体的操作方法。

1 选择填充图形

设置好填充颜色后，在绘图区中，使用鼠标拾取要填充图形内部的点，如图所示。

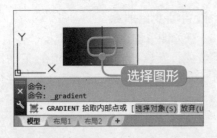

2 渐变色填充效果

在键盘上按下【Enter】键退出渐变色命令，这样即可完成创建渐变色填充的操作，如图所示。

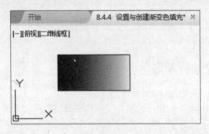

8.4.5 创建无边界的图案填充

在 AutoCAD 2016 中，还可以创建无边界的图案填充，下面介绍创建无边界的图案填充的操作方法。

1 调用无边界图案填充命令

新建 AutoCAD 空白文档，在【草图与注释】空间中，在命令行输入无边界命令【-HATCH】，按下键盘上的【Enter】键，如图所示。

2 激活绘图边界命令

根据命令行提示"-HATCH 指定内部点"信息，在命令行输入【绘图边界（W）】选项命令 W，按下键盘上的

【Enter】键，如图所示。

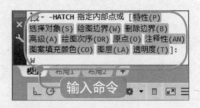

3 激活否选项

根据命令行提示"-HATCH 是否保留多段线边界"信息，在命令行输入【否（N）】选项命令 N，按下键盘上的【Enter】键，如图所示。

4 确定图案填充的起点

返回到绘图区，根据命令行提示的信息，在空白处单击鼠标左键确定起点，如图所示。

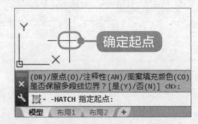

5 绘制闭合的边界

根据命令行提示的信息，绘制一个闭合的边界范围，如图所示。

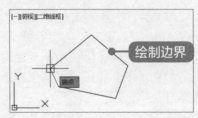

⑥ **激活闭合命令**

绘制完成后，在命令行输入【闭合（C）】选项命令 C，在键盘上直接按下【Enter】键，如图所示。

输入命令

按【Enter】键

⑧ **无边界图案填充效果**

在键盘上按下【Enter】键，退出绘图边界命令，图案创建完成，通过以上步骤即可完成创建无边界的图案填充的操作，如图所示。

⑦ **确定默认选项**

根据命令行提示"-HATCH 指定新边界的起点"的信息，在键盘上直接按下【Enter】键，选择【接受】默认选项，如图所示。

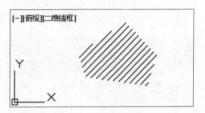

举一反三

在绘制图形时，可以使用图案填充来区分图形所代表的意义，同时使得图形效果更加美观，有识别性。例如，绘制地毯、草坪等，如下图所示。

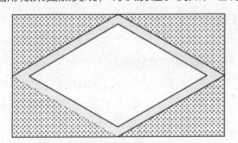

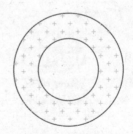

8.5 实战案例——面域

本节学习时间 / 2分23秒

面域是具有边界的平面区域，是用闭合的形状或环创建的二维区域。本节将重点介绍创建与编辑面域、面域布尔运算及从面域中提取数据方面的知识。

8.5.1　创建与编辑面域

在 AutoCAD 2016 中文版中，面域是由封闭区域形成的实体对象，不能直接被创建，但可以通过面域命令将封闭图形区域转换成面域，下面介绍创建与编辑面域的操作方法。

1 调用面域命令

新建 AutoCAD 空白文档并绘制图形，在【草图与注释】空间中，在【功能区】的【默认】选项卡中，在【绘图】面板中，单击【面域】按钮，如图所示。

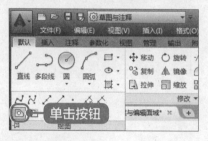

2 选择图形对象

返回到绘图区，根据命令行提示 "REGION 选择对象" 信息，使用叉选方式，选择要进行面域的对象，如图所示。

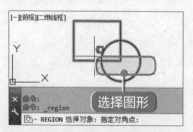

3 面域创建与编辑效果

按下键盘上的【Enter】键退出面域命令，即可完成创建与编辑面域的操作，如图所示。

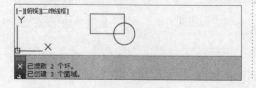

提示

可以在菜单栏中，选择【绘图】▶【边界】菜单项，在弹出的【边界创建】对话框中来创建面域。

8.5.2　面域的布尔运算

在 AutoCAD 2016 中文版中，面域的布尔运算包括并集、交集和差集 3 种运算方式，下面将介绍这三种布尔运算的知识及操作方法。

1. 并集

并集运算是指用户将选择的面域相交的部分删除，并将其合并成一个整体，下面介绍使用并集运算的操作方法。

1 绘制相交图形

新建 AutoCAD 空白文档，在【三维基础】空间中，绘制两个相交的图形，如相交的圆，如图所示。

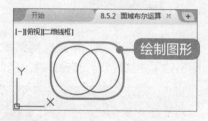

2 调用并集命令

在【功能区】中，选择【默认】选项卡，在【编辑】面板中，单击【并集】按钮，如图所示。

3 选择图形对象

返回到绘图区，根据命令行提示

"UNION 选择对象"信息，使用又选方式选择进行并集运算的对象，如图所示。

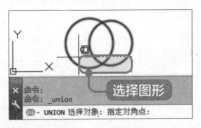

4 并集运算效果

按下键盘上的【Enter】键退出并集命令，这样即可完成使用并集运算的操作，如图所示。

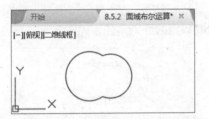

🔊 **提示**

在对图形进行布尔运算之前，必须创建图形面域，否则无法进行布尔运算操作。

2. 差集

在 AutoCAD 2016 中文版中，差集运算是指在选择的面域上减去与之相交或不相交的其他面域，下面介绍使用差集运算的操作方法。

1 调用差集命令

绘制相交图形，在【功能区】中，选择【默认】选项卡，在【编辑】面板中，单击【差集】按钮◎，如图所示。

2 选择图形对象

根据命令行提示"SUBTRACT 选择对象"信息，选择要从中减去的对象，如图所示。

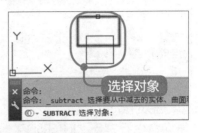

3 选择要减去的对象

按下键盘上的【Enter】键，根据命令行提示"SUBTRACT 选择对象"信息，选择要减去的对象，如图所示。

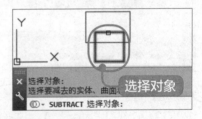

4 差集运算效果

在键盘上按下【Enter】键退出差集命令，通过以上步骤即可完成使用差集运算的操作，如图所示。

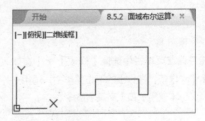

3. 交集

交集运算是指保留选择的面域相交的部分，删除不相交的部分，下面介绍使用交集运算的操作方法。

1 调用交集命令

绘制相交的图形，在【功能区】中，

选择【默认】选项卡，在【编辑】面板中，单击【交集】按钮 ⑩，如图所示。

2 选择图形对象

根据命令行提示"INTERSECT 选择对象"信息，使用叉选方式选择进行交集运算的图形，如图所示。

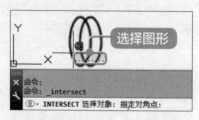

3 交集运算效果

按下键盘上的【Enter】键，这样即可完成使用交集运算的操作，如图所示。

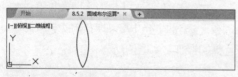

📢 提示

还可以在菜单栏中选择【修改】➤【实体编辑】菜单项，在弹出的下拉菜单中，调用【并集】、【差集】和【交集】命令。

8.5.3 从面域中提取数据

在 AutoCAD 2016 中文版中，如果要查看面域的信息，可以从面域中提取数据，下面介绍从面域中提取数据的操作方法。

1 调用【面域 / 质量特性】命令

在【三维基础】空间中，创建面域图形，在菜单栏中，选择【工具】菜单，在弹出的下拉菜单中，选择【查询】➤【面域 / 质量特性】菜单项，如图所示。

2 选择图形对象

返回到绘图区，根据命令行提示"MASSPROP 选择对象"信息，选择要提取数据的面域对象，如图所示。

3 提取数据效果

按下键盘上的【Enter】键，弹出【AutoCAD 文本窗口】窗口，在该窗口中，可以看到该面域的数据信息，通过以上步骤即可完成从面域中提取数据的操作，如图所示。

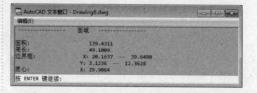

📢 提示

在【AutoCAD文本窗口】窗口中，按下键盘上的【Enter】键，可以继续查看面域中其他的信息。

通过使用面域的布尔运算，可以绘制出一些形状比较特殊的图形，而且对于一些使用绘图工具不容易绘制的图形，可以很轻松地绘制出来，如下图所示。

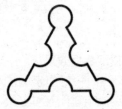 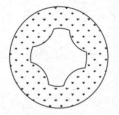

8.6 查询

本节学习时间 / 2 分 08 秒

在 AutoCAD 2016 中文版中，可以使用查询功能查看图形对象的距离、半径、角度、面积及周长和体积等信息，以便编辑和修改图形对象，本节将介绍查询方面的知识。

8.6.1 查询距离

在 AutoCAD 2016 中文版中，查询距离命令是指测量两点之间或多线段上的距离，一般在绘图和图纸查看过程中会经常用到，下面介绍查询距离的操作方法。

1 调用【距离】命令

新建 AutoCAD 空白文档并绘制直线，在【草图与注释】空间中，在菜单栏中，选择【工具】▶【查询】▶【距离】菜单项，如图所示。

2 选择第一查询点

返回到绘图区，根据命令行"MEASUREGEOM 指定第一点"的提示信息，单击第一个查询点，如图所示。

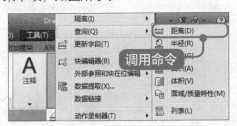

3 **选择第二查询点**

移动鼠标指针，根据命令行提示"MEASUREGEOM 指定第二个点"信息，单击第二个查询点，如图所示。

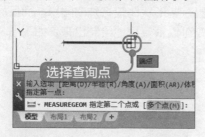

4 **查询距离效果**

此时在命令行可以看到该直线的距离，这样即可完成查询距离的操作，如图所示。

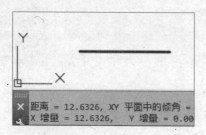

8.6.2 查询半径

查询半径是指测量指定的圆弧、圆或多段线圆弧的半径和直径，下面以查询圆的半径为例，介绍查询半径的操作方法。

1 **调用【半径】命令**

在【草图与注释】空间中绘制圆，在菜单栏中，选择【工具】▷【查询】▷【半径】菜单项，如图所示。

2 **选择图形**

返回到绘图区，根据命令行提示的"MEASUREGEOM 选择圆弧或圆"信息，选择图形对象，如图所示。

3 **提取数据效果**

在命令行显示圆的半径值，这样即可完成查询半径的操作，如图所示。

> 📢 **提示**
> 可以在命令行中输入MEASUREGEOM命令，在出现的【输入选项】提示信息下，输入R命令，来激活查询半径选项。

8.6.3 查询角度

在 AutoCAD 2016 中文版中，查询角度是指测量圆弧、圆、多段线线段和线对象关联的角度，下面以查询多边形为例，介绍查询角度的操作方法。

1 **调用查询命令**

在【草图与注释】空间中绘制多边形，在命令行中输入 MEASUREGEOM【查询】命令，按下键盘上的【Enter】键，如图所示。

2 激活角度命令

命令行提示"MEASUREGEOM 输入选项"的信息，在命令行中输入【角度（A）】选项命令 A，按下键盘上的【Enter】键，如图所示。

3 选择第一条边

返回到绘图区，根据命令行提示"MEASUREGEOM选择圆弧、圆、直线"信息，选择图形上的一条边，如图所示。

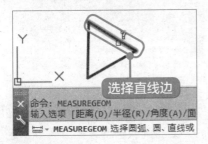

4 选择第二条边

移动鼠标指针，根据命令行提示"MEASUREGEOM选择第二条直线"的信息，选择图形上的另一条边，如图所示。

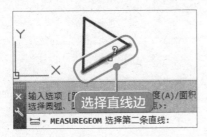

5 查询角度效果

在命令行显示多边形的角度值，这样即可完成查询角度的操作，如图所示。

提示

除了查询夹角的角度，还可以对圆和圆弧进行角度查询操作。

8.6.4 查询面积及周长

在 AutoCAD 2016 中文版中，使用查询面积命令可以同时测量出图形对象的面积和周长，其操作方法与查询距离、半径及角度的方式相同，这里不再赘述，所不同的是查询面积及周长时，要选择全部图形，如图所示。

查询面积及周长

提示

可以查询面积与周长的对象包括：圆、椭圆、样条曲线、多段线、多边形、面域和实体。

8.6.5 查询体积

查询体积是指测量对象或定义区域的体积，查询的对象可以是三维实体，也可以是二维对象，在查询时选择全部图形后，需要指定图形的高度，才可以查询出体积的信息，如下图所示。

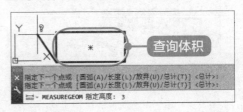

查询体积

高手私房菜

本节将介绍多个操作技巧，包括插入分解块和使用边界命令创建面域的具体方法，帮助读者学习与快速提高。

技巧 • **插入分解块**

在执行插入块操作时，在【插入】对话框中，选中【分解】复选框，可以插入一个分解的块。

1 调用插入命令

打开"技巧 1 分解块 .dwg"素材文件，在菜单栏中，选择【插入】菜单项，在弹出的下拉菜单中，选择【块】菜单项，如图所示。

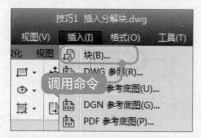

2 对插入的块设置分解

弹出【插入】对话框，选中要插入块的名称，在对话框的左下角，选择【分解】复选框，单击【确定】按钮 确定 ，如图所示。

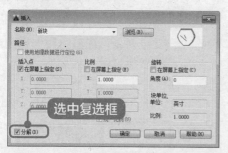

3 确定块插入点

返回到绘图区，根据命令行提示"INSERT 指定块的插入点"信息，在合适的位置单击鼠标左键，确定插入点，如图所示。

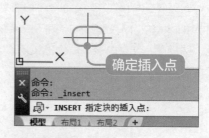

4 分解块效果

此时可以看到插入的块，在选择块时，会看到块各部分是分解的，这样即可完成插入块的操作，如图所示。

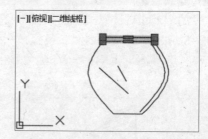

第 9 章

绘制三维图形

本章视频教学时间 / 19 分 48 秒

重点导读

本章主要介绍了 AutoCAD 三维绘图、认识三维坐标系和三维视图方面的知识，同时还讲解了在三维空间中，绘制简单对象、基本三维曲面、三维实体模型，以及由二维对象生成三维实体方面的知识与操作技巧。通过本章的学习，读者可以掌握绘制三维图形方面的知识，为深入学习 AutoCAD 2016 奠定基础。

本章主要知识点

- ✓ AutoCAD 三维绘图
- ✓ 认识三维坐标系
- ✓ 三维视图
- ✓ 实战案例——在三维空间绘制简单对象
- ✓ 实战案例——绘制基本三维曲面
- ✓ 实战案例——绘制三维实体模型
- ✓ 实战案例——由二维对象生成三维实体

9.1 AutoCAD 三维绘图

本节学习时间 / 1 分 44 秒

三维图形的绘制需要在三维工作空间中完成，本节将详细介绍 AutoCAD 三维绘图方面的知识。

9.1.1 三维建模空间

在 AutoCAD 2016 中，系统为用户提供了三维基础和三维建模两种三维工作空间，方便更好地创建与编辑三维模型。下面分别介绍这两种工作空间方面的知识。

1. 三维基础空间

在 AutoCAD 2016 中，三维基础工作空间用来创建简单的三维实体模型，它的功能区由【默认】、【插入】、【视图】、【管理】、【可视化】等选项卡组成，其中【默认】选项卡下的【创建】、【编辑】、【绘图】、【修改】等面板上的命令，在创建简单的三维模型时会经常使用，如下图所示。

2. 三维建模空间

三维建模工作空间是用来创建实体、复杂网格和曲面模型等三维模型的空间，它的功能区由【常用】、【实体】、【曲面】、【插入】等选项卡组成，在【常用】

选项卡下的【建模】、【网格】、【实体编辑】等面板中的命令，是创建三维模型时经常使用的，如下图所示。

9.1.2 三维模型分类

在 AutoCAD 2016 中文版中，三维模型分为线框模型、表面模型和实体模型 3 种类型，下面分别介绍这几种模型分类。

1. 线框模型

线框模型用于描绘三维对象的骨架。线框模型中没有面，只有描绘对象边界的点、直线和曲线。在 AutoCAD 2016 中文版中，可以在三维空间的任何位置放置二维（平面）对象来创建线框模型，如下图所示。

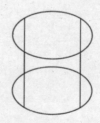

AutoCAD 也提供一些三维线框对象，例如，三维多段线和样条曲线。由于构成线框模型的每个对象都必须单独绘制和定位，因此，这种建模方式可能最为耗时。

2. 表面模型

表面模型是通过面来表达三维形体的模型。它不仅要定义三维对象的边，还要定义面，所以可以进行消隐、着色等操作。但表面模型没有形体的信息，且创建后编辑修改不方便，如下图所示。

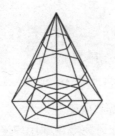

3. 实体模型

实体模型描述了对象的整个体积，是信息最完整且二义性最小的一种三维模型，也是最容易使用的三维建模类型。与线框和表面模型相比，复杂的实体模型在构造和编辑上更容易些，如下图所示。

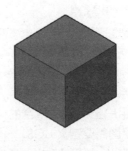

9.2 认识三维坐标系

本节学习时间 / 1 分 49 秒

三维空间的坐标系包括世界坐标系和用户坐标系。世界坐标系（WCS）是系统默认的坐标系，本节将详细介绍认识三维坐标系方面的知识与操作方法。

9.2.1 世界坐标系

在三维空间中，世界坐标系包括 X 轴、Y 轴和 Z 轴，其原点一般位于绘图窗口的左下方，所有图形的位移都是通过这个原点来进行计算的，同时规定沿着 X 轴向右及沿着 Y 轴向上的位移为正方向。

在绘制图形过程中，因世界坐标系是固定不变的，所以不能对其进行更改。

一般系统默认的当前坐标系为世界坐标系，简称 WCS，又叫作通用坐标系，如图所示。

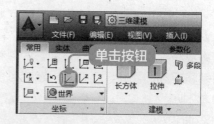

9.2.2 用户坐标系

在绘制图形时，经常会修改坐标系的原点和方向，被更改的世界坐标系（WCS）则变成了一个新的坐标系，即用户坐标系（UCS）。默认情况下世界坐标系与用户坐标系是重合的，可以根据实际的绘图需要定义 UCS。

UCS 的 X、Y 和 Z 轴以及原点方向都可以旋转或移动，虽然三个轴之间都互相垂直，但在方向及位置上，用户坐标系却具备了更好的灵活性，如下图所示，这些都是定义后的用户坐标系。

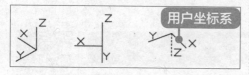

9.2.3 创建与管理用户坐标系

在 AutoCAD 2016 中文版中，可以自行创建用户坐标系，并且可以对已创建的用户坐标系进行管理，下面介绍创建与管理用户坐标系的操作方法。

1. 创建用户坐标系

创建用户坐标系有很多种方法，下面以原点方式为例，介绍创建用户坐标系的操作方法。

1 调用原点命令

在【三维建模】空间中，在【功能区】中，选择【常用】选项卡，在【坐标】面板中，单击【原点】按钮，如图所示。

2 确定坐标系原点

根据命令行提示"UCS 指定新原点"信息，在空白处某一位置单击鼠标左键，确定坐标原点，如图所示。

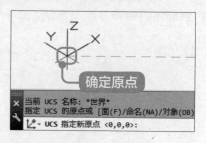

3 用户坐标系效果

这样即可完成创建用户坐标系的操作，如图所示。

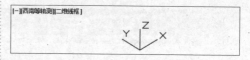

2. 管理用户坐标系

对于已经创建的用户坐标系，可以对其坐标轴进行修改与编辑。在【功能区】的【常用】选项卡中，在【坐标】面板中，单击【UCS】按钮，如下左图所示。

然后根据命令行提示，分别确定坐标系各个轴上的点，从而完成坐标系的修改与编辑操作，如下右图所示。

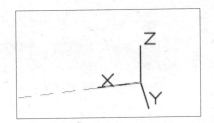

9.3 三维视图

本节学习时间 / 41 秒

三维视图是在三维空间中，从不同视点方向上观察到的三维模型的投影，可以通过不同指定视点得到三维视图，本节将介绍三维视图方面的知识。

9.3.1 三维视图的分类

在 AutoCAD 2016 中文版中，三维视图分为两种，分别为标准正交视图和等轴测视图。

标准正交视图包括俯视、仰视、主视、左视、右视和后视，如下图所示。

等轴测视图则包括西南等轴测、东南等轴测、东北等轴测和西北等轴测，如下图所示。

> 西南等轴测(S)
> 东南等轴测(E)
> 东北等轴测(N)
> 西北等轴测(W)

9.3.2 三维视图的切换

在 AutoCAD 2016 中文版中，不同视图下的三维图形显示的效果也不相同，下面介绍三维视图切换的操作方法。

➷ 菜单栏：在菜单栏中，选择【视图】➤【三维视图】菜单项，在弹出的下拉菜单中，选择使用的视图。

➷ 功能区中的【常用】选项卡：在【常用】选项卡的【视图】面板中，单击【三维导航】下拉按钮，在弹出的下拉列表中选择要使用的视图。

➷ 功能区中的【可视化】选项卡：在【可视化】选项卡的【视图】面板中，单击【视图】下拉按钮，选择要使用的视图即可。

➷ 视图控件：在绘图区的左上角单击【视图控件】按钮，选择要使用的视图即可。

9.4 实战案例——在三维空间绘制简单对象

本节学习时间 / 2 分 22 秒

在 AutoCAD 2016 中文版中，可以在三维空间绘制一些简单的图形对象，包括绘制点、线段、射线、构造线等二维图形，以及绘制三维多段线等图形，本节将介绍绘制简单三维图形方面的知识与操作技巧。

9.4.1 绘制点、线段、射线和构造线

在三维工作空间中，点、线段、射线和构造线的绘制方法与二维图形的绘制方法基本相同，下面将简单介绍绘制点、线段、射线和构造线的操作步骤。

1. 绘制点

在【三维建模】工作空间中，在菜单栏中，选择【绘图】➤【点】菜单项，在弹出的下拉菜单中，选择【单点】或【多点】菜单项，然后根据命令行提示的信息，绘制单点或多点即可，如图所示。

📢 提示

在绘制点之前，同样也要在菜单栏中选择【格式】➤【点样式】菜单项，来设置点样式。

2. 绘制线段

在【三维建模】工作空间中，在菜单栏中选择【绘图】➤【直线】菜单项，在绘图区确定直线的两个点，即可绘制出一条线段，如图所示。

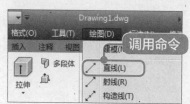
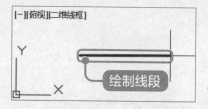

3. 绘制射线和构造线

射线与构造线的绘制方式比较相似，都是通过指定起点以及通过点来绘制的，只是调用的命令不同而已，如图所示。

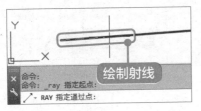
绘制射线

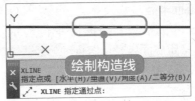
绘制构造线

提示

在三维空间中，绘制二维图形的命令的调用方式，与绘制二维空间的图形方式基本一致，可以根据实际情况选择调用的方式。

9.4.2 绘制其他二维图形

在三维工作空间中，在【草图与注释】工作空间可以绘制的二维图形，在这里也可以绘制，绘制方法基本都是相同的。

可以绘制的二维图形包括：矩形、圆、圆弧、椭圆、椭圆弧及多边形等，如图所示。

9.4.3 绘制三维螺旋线

螺旋就是开口的二维或三维螺旋，可以将螺旋用作路径，沿此路径扫掠对象以创建图像。默认情况下，螺旋的顶面半径和底面半径值相同，但该值不能为"0"，下面将详细介绍绘制螺旋线的操作方法。

1 调用螺旋命令

在【三维建模】空间中，在菜单栏中，选择【绘图】菜单，在弹出的下拉菜单中，选择【螺旋】菜单项，如图所示。

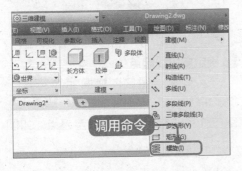
调用命令

2 确定底面中心点

返回到绘图区，根据命令行提示"HELIX 指定底面的中心点"信息，在空白处单击鼠标左键，确定要绘制螺旋的中心点，如图所示。

确定中心点

③ 指定底面半径

移动鼠标指针，根据命令行提示"HELIX 指定底面半径"信息，至合适位置单击鼠标左键，如图所示。

④ 确定顶面半径

移动鼠标指针，根据命令行提示"HELIX 指定顶面半径"信息，至合适位置单击鼠标左键，如图所示。

⑤ 确定螺旋高度

移动鼠标指针，根据命令行提示"HELIX 指定螺旋高度"信息，至合适位置单击鼠标左键，如图所示。

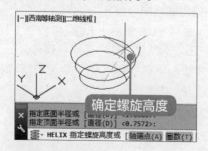

⑥ 螺旋线效果

此时在绘图区中可以看到绘制好的螺旋线，通过以上步骤即可完成绘制三维螺旋线的操作，如图所示。

> **提示**
>
> 可以在命令行输入具体的数值，来确定螺旋线的底面半径、顶面半径和高度。

9.4.4 绘制三维多段线

在 AutoCAD 2016 中文版中，三维多段线是作为单个对象创建的直线段相互连接而成的序列，三维多段线可以不共面，但是不能包括圆弧，下面介绍绘制三维多段线的操作方法。

① 调用【三维多段线】命令

在【三维建模】空间中，在菜单栏中，选择【绘图】菜单，在弹出的下拉菜单中，选择【三维多段线】菜单项，如图所示。

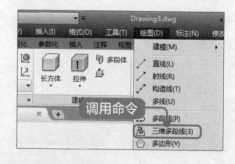

② 确定多段线起点

返回到绘图区，根据命令行提示"3DPOLY 指定多段线的起点"信息，在空白处单击鼠标左键，确定起点，如图所示。

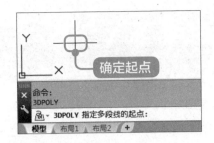

3 确定多段线端点

移动鼠标指针，根据命令行提示"3DPOLY 指定直线的端点"信息，在合适位置单击鼠标左键，确定三维多段线的端点，如图所示。

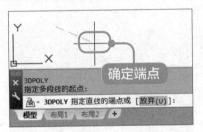

4 确定多段线端点

移动鼠标指针，根据命令行提示"3DPOLY 指定直线的端点"信息，在合适位置单击鼠标左键，确定三维多段线的端点，如图所示。

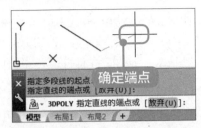

5 三维多段线效果

在键盘上按下【Esc】键退出三维多段线命令，通过以上步骤即可完成绘制三维多段线的操作，如图所示。

举一反三

掌握了在三维空间中绘制简单图形的方法，就可以配合其他的命令绘制一些简单的实物图形了，如花盆、圆桌等，如下图所示。

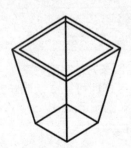

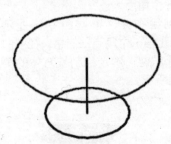

9.5 实战案例——绘制基本三维曲面

本节学习时间 / 5分47秒

在 AutoCAD 2016 中文版中，三维曲面没有质量特性，是由多边形来定义三维形状的顶点、边和面，同时它也可以解决消隐、着色及渲染方面的问题。本节将详细介绍绘制基本三维曲面方面的知识与操作技巧。

9.5.1 绘制长方体表面

在 AutoCAD 2016 中文版中，可以在三维建模空间中，根据绘图需要，绘制出长方体表面，下面介绍绘制网格长方体的操作方法。

1 调用【网格长方体】命令

新建 AutoCAD 空白文档，在【三维建模】空间中，在【功能区】中，选择【网格】选项卡，在【图元】面板中，选择【网格长方体】下拉菜单中的【网格长方体】菜单项，如图所示。

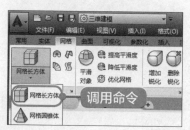

2 确定第一个角点

返回到绘图区，根据命令行提示"MESH 指定第一个角点"信息，在空白处单击鼠标左键，确定绘制长方体的第一点，如图所示。

3 确定另一角点

移动鼠标指针，根据命令行提示"MESH 指定其他角点"信息，至合适位置单击鼠标左键，如图所示。

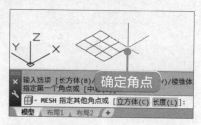

4 确定长方体高度

根据命令行提示"MESH 指定高度"信息，移动鼠标指针至合适位置单击鼠标左键，确定长方体的高度，如图所示。

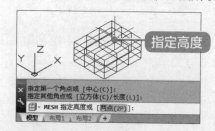

5 绘制长方体表面效果

这样即可完成绘制长方体表面的操作，如图所示。

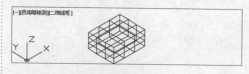

9.5.2 绘制圆柱体表面

下面介绍绘制圆柱体表面的操作

方法。

1 调用【网格圆柱体】命令

新建 AutoCAD 空白文档，在【三维建模】空间中，在【功能区】的【网格】选项卡中，在【图元】面板中，选择【网格长方体】下拉菜单中的【网格圆柱体】菜单项，如图所示。

2 确定网格圆柱体中心点

返回到绘图区，根据命令行提示"MESH 指定底面的中心点"信息，在空白处单击鼠标左键，确定中心点，如图所示。

3 确定底面半径

根据命令行提示"MESH 指定底面半径"信息，移动鼠标指针，至合适位置单击鼠标左键，如图所示。

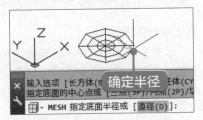

4 确定圆柱体高度

移动鼠标指针，根据命令行提示"MESH 指定高度"信息，至合适位置单击鼠标左键，如图所示。

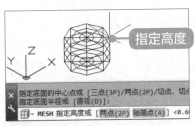

5 绘制圆柱体表面效果

这样即可完成绘制圆柱体表面的操作，如图所示。

9.5.3 绘制圆锥体表面

在 AutoCAD 2016 中文版中，可以在三维建模空间中，使用 MESH 命令创建一个圆锥体表面，下面介绍具体的操作方法。

1 调用网格命令

新建 AutoCAD 空白文档，在【三维建模】空间中，在命令行输入网格命令【MESH】，按下键盘上的【Enter】键，如图所示。

2 激活圆锥体选项

根据命令行提示"MESH 输入选项"信息，在命令行输入 C，按下键盘上的【Enter】键，激活圆锥体选项，如图所示。

3 确定圆锥体底面中心点

根据命令行提示"MESH 指定底面的中心点"信息，在空白处单击鼠标左键，确定圆锥体中心点，如图所示。

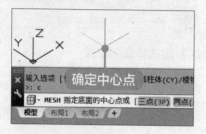

4 确定圆锥体底面半径

移动鼠标指针，根据命令行提示"MESH 指定底面半径"信息，至合适位置单击鼠标左键，如图所示。

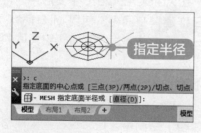

5 确定圆锥体高度

移动鼠标指针，根据命令行提示"MESH 指定高度"信息，至合适位置单击鼠标左键，如图所示。

6 绘制圆锥体表面效果

此时在绘图区中看到创建好的圆锥体，通过以上步骤即可完成绘制圆锥体表面的操作，如图所示。

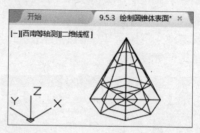

> **提示**
>
> 在AutoCAD 2016的三维建模空间中，还可以创建网格球体、网格楔体和网格圆环体。在菜单栏中，选择【绘图】➤【建模】➤【网格】➤【图元】菜单项，在【图元】子菜单下，选择要调用的创建三维网格的命令即可。

9.5.4 绘制棱锥体表面

在 AutoCAD 2016 中文版中，使用 MESH 命令也可以创建一个棱锥体表面，下面介绍具体的操作方法。

1 调用网格命令

新建 AutoCAD 空白文档，在【三维建模】空间中，在命令行输入网格命令【MESH】，按下键盘上的【Enter】键，如图所示。

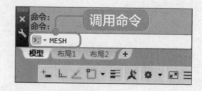

2 激活棱锥体选项

根据命令行提示"MESH 输入选项"的信息，在命令行输入 P，按下键盘上的【Enter】键，激活棱锥体选项，如图所示。

输入命令

3 确定棱锥体底面中心点

根据命令行提示"MESH 指定底面的中心点"信息，在合适位置单击鼠标左键，确定棱锥体中心点，如图所示。

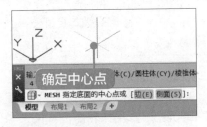

确定中心点

4 确定棱锥体底面半径

移动鼠标指针，根据命令行提示"MESH 指定底面半径"信息，至合适位置单击鼠标左键，如图所示。

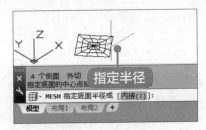

指定半径

5 确定圆锥体高度

移动鼠标指针，根据命令行提示"MESH 指定高度"信息，至合适位置单击鼠标左键，如图所示。

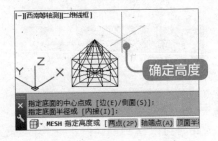

确定高度

6 绘制棱锥体表面效果

此时在绘图区中看到创建好的棱锥体，通过以上步骤即可完成绘制棱锥体表面的操作，如图所示。

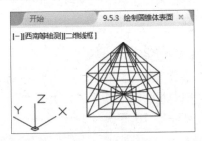

9.5.5 创建直纹网格

在 AutoCAD 2016 中文版中，可以在两条直线或曲线之间创建一个表示直纹曲面的多边形网格，下面介绍创建直纹网格的操作方法。

1 调用直纹网格命令

打开"9.5.5 直纹网格.dwg"素材文件，选择【网格】选项卡，在【图元】面板中，单击【直纹曲面】按钮，如图所示。

调用命令

2 选择第一条定义曲线

返回到绘图区，根据命令行提示"RULESURF 选择第一条定义曲线"信息，选择要创建直纹网格的第一条曲线，如图所示。

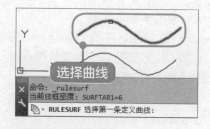

3 选择第二条定义曲线

移动鼠标指针，根据命令行提示"RULESURF 选择第二条定义曲线"信息，选择第二条曲线，如图所示。

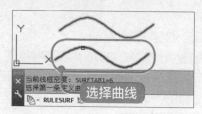

4 直纹网格效果

此时可以看到创建好的直纹网格，这样即可完成创建直纹网格的操作，如图所示。

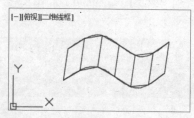

📢 提示

在菜单栏中，选择【绘图】菜单，在弹出的下拉菜单中，选择【建模】➤【网格】➤【直纹网格】菜单项，或者在命令行输入【RULESURF】命令，按下键盘上的【Enter】键，也可以调用直纹曲面命令。

9.5.6 创建平移网格

平移网格表示通过指定的方向和距离（称为方向矢量）拉伸直线或曲线定义网格，下面介绍创建平移网格的操作方法。

1 调用平移网格命令

打开"9.5.6 平移网格.dwg"素材文件，选择【网格】选项卡，在【图元】面板中，单击【平移曲面】按钮⅜，如图所示。

2 选择轮廓曲线

返回到绘图区，根据命令行提示"TABSURF 选择用作轮廓曲线的对象"信息，选择圆作为轮廓曲线，如图所示。

3 选择方向矢量对象

移动鼠标指针，根据命令行提示"TABSURF 选择用作方向矢量的对象"信息，选择直线作为方向矢量对象，如图所示。

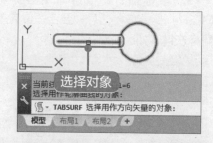

4 平移网格效果

此时可以看到创建好的平移网格，

通过以上步骤即可完成创建平移网格的操作，如图所示。

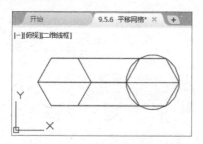

9.5.7 创建旋转网格

旋转网格是指通过将路径曲线或轮廓绕指定的轴，旋转创建一个近似于旋转网格的多边形网格。下面介绍创建旋转网格的操作方法。

1 调用旋转网格命令

打开"9.5.7 旋转网格.dwg"素材文件，选择【网格】选项卡，在【图元】面板中，单击【旋转曲面】按钮，如图所示。

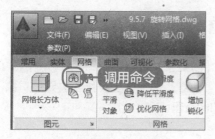

2 选择要旋转的对象

返回到绘图区，根据命令行提示"REVSURF 选择要旋转的对象"信息，选择要旋转的图形圆，如图所示。

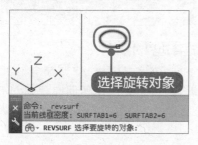

3 选择旋转轴

根据命令行提示"REVSURF 选择定义旋转轴的对象"信息，移动鼠标指针，选择作为旋转轴的图形，如图所示。

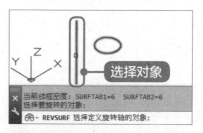

4 确定旋转轴的第一点

移动鼠标指针，根据命令行提示"REVSURF 指定起点角度"信息，选择旋转轴的第一点，如图所示。

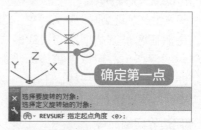

5 确定旋转轴的第二点

移动鼠标指针，根据命令行提示"REVSURF 指定起点角度: 指定第二点"信息，选择旋转轴的第二点，如图所示。

6 旋转网格效果

根据命令行提示"REVSURF 指定夹角（+= 逆时针，-= 顺时针）"信息，在键盘上直接按下【Enter】键，选择系统默认选项，即可完成创建旋转网格的操作，如图所示。

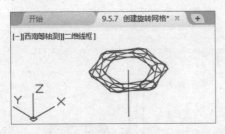

> **提示**
> 轮廓线可以是直线、圆、圆弧、椭圆、椭圆弧、闭合多段线、多边形、闭合样条曲线或圆环等，而旋转轴可以是直线或者开放的二维或三维多段线。

9.5.8 创建边界网格

在 AutoCAD 2016 中文版中，边界网格是指在四条彼此相连的边或曲线之间创建的网格。边可以是直线、圆弧、样条曲条或开放的多段线。下面介绍创建边界网格的操作方法。

1 调用边界网格命令

打开"9.5.8 边界网格.dwg"素材文件，选择【网格】选项卡，在【图元】面板中，单击【边界曲面】按钮，如图所示。

2 选择边界对象 1

返回到绘图区，根据命令行提示"EDGESURF 选择用作曲面边界的对象1"信息，选择第一个作为边界的对象，

如图所示。

3 选择边界对象 2

移动鼠标指针，根据命令行提示"EDGESURF 选择用作曲面边界的对象2"信息，选择第二个作为边界的对象，如图所示。

4 选择边界对象 3

移动鼠标指针，根据命令行提示"EDGESURF 选择用作曲面边界的对象3"信息，选择第三个作为边界的对象，如图所示。

5 选择边界对象 4

移动鼠标指针，根据命令行提示"EDGESURF 选择用作曲面边界的对象4"信息，选择第四个作为边界的对象，

如图所示。

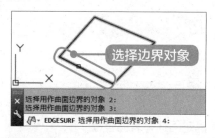

6 边界网格效果

此时可以看到创建好的边界网格，通过以上步骤即可完成创建边界网格的操作，如图所示。

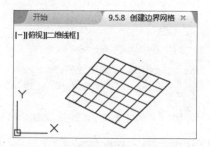

> 📢 提示
>
> 在菜单栏中，选择【绘图】▶【建模】▶【网格】▶【边界网格】菜单项，或者在命令行输入【EDGESURF】命令，按下键盘上的【Enter】键，都可以调用边界网格命令。

9.5.9 绘制球体表面

在 AutoCAD 2016 中文版中，通过确定直径或半径的大小，可以绘制出一个网格球体，下面介绍具体的绘制方法。

1 调用【网格球体】命令

新建 AutoCAD 空白文档，在【三维建模】空间中，在【功能区】中，选择【网格】选项卡，在【图元】面板中，选择【网格长方体】下拉菜单中的【网格球体】菜单项，如图所示。

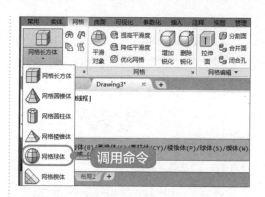

2 确定球体表面中心点

返回到绘图区，根据命令行提示"MESH 指定中心点"信息，在空白处单击鼠标左键，确定绘制球体的中心点，如图所示。

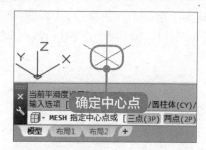

3 确定球体表面半径

根据命令行提示"MESH 指定半径或【直径（D）】"信息，移动鼠标指针至合适位置单击鼠标左键，如图所示。

4 球体表面效果

此时可以看到绘制的球体表面，通过以上步骤即可完成绘制球体表面的操作，如图所示。

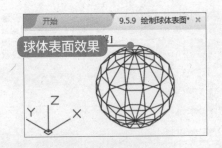

9.5.10 绘制圆环体表面

通过指定圆管的大小，以及圆环体中心距离圆管中心的距离，可以在三维空间绘制出圆环体表面，下面介绍绘制圆环体表面的操作方法。

1 调用网格命令

新建 AutoCAD 空白文档，在【三维建模】空间中，在命令行输入网格命令【MESH】，按下键盘上的【Enter】键，如图所示。

2 激活圆环体选项

根据命令行提示"MESH 输入选项"信息，在命令行输入 T，按下键盘上的【Enter】键，激活圆环体选项，如图所示。

3 确定圆环体表面中心点

返回到绘图区，根据命令行提示"MESH 指定中心点"信息，在空白处单击鼠标左键，确定圆环体的中心点，如图所示。

4 确定圆环体表面半径

根据命令行提示"MESH 指定半径或【直径（D）】"信息，移动鼠标指针，至合适位置单击鼠标左键，确定圆环体表面的半径，如图所示。

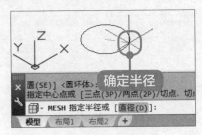

5 确定圆环体表面圆管半径

根据命令行提示"MESH 指定圆管半径"信息，移动鼠标指针至合适位置单击鼠标左键，确定圆管的半径，如图所示。

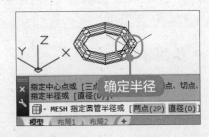

6 圆环体表面效果

此时可以看到创建好的圆环体表面，通过以上步骤即可完成绘制圆环体表面的操作，如图所示。

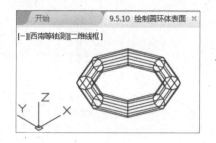

> **提示**
>
> 在菜单栏中，选择【绘图】➤【建模】➤【网格】➤【图元】➤【圆环体】菜单项，也可以调用圆环体表面命令。

在三维工作空间中掌握了基本的绘制三维曲面的操作方法，就可以绘制出不同的复杂的三维曲面图形。在绘制的过程中，要注意各命令之间的相互配合，不同的图形组合在一起，所绘制出的效果也不相同，如下图所示。

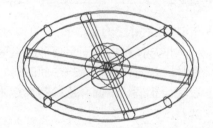

9.6 实战案例——绘制三维实体模型

本节学习时间 / 4 分 58 秒

实体模型是具有质量、体积、重心和惯性矩等特性的封闭三维体。在 AutoCAD 2016 中文版中，可以创建长方体、楔体、球体、圆柱体和圆环体等实体模型，本节将详细介绍绘制三维实体模型方面的知识与操作技巧。

9.6.1 绘制多段体

三维多段体是具有固定高度和宽度的直线段和曲线段，下面介绍绘制三维多段体的操作方法。

1 调用【多段体】命令

新建 AutoCAD 空白文档，在【三维建模】空间中，在菜单栏中，选择【绘图】菜单，在弹出的下拉菜单中，选择【建模】➤【多段体】菜单项，如图所示。

2 确定多段体的起点

返回到绘图区，根据命令行提示"POLYSOLID 指定起点"信息，在空白处单击鼠标左键，确定起点位置，如图所示。

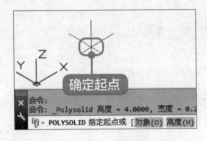

3 确定多段体下一点

移动鼠标指针，根据命令行提示"POLYSOLID 指定下一个点"信息，至合适位置单击鼠标左键，如图所示。

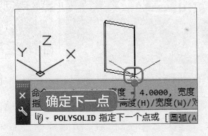

4 确定多段体下一点

移动鼠标指针，根据命令行提示"POLYSOLID 指定下一个点"信息，在合适位置单击鼠标左键，如图所示。

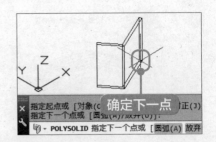

5 绘制的多段体效果

在键盘上按下【Enter】键退出多段体命令，这样即可完成绘制多段体的操作，如图所示。

9.6.2 绘制长方体

长方体是指底面是矩形的直平行六面体，长方体的任意一个面的对面都与它完全相同，下面介绍绘制长方体的操作方法。

1 调用【长方体】命令

新建 AutoCAD 空白文档，在【三维建模】空间中，在【功能区】中，选择【实体】选项卡，在【图元】面板中，单击【长方体】按钮，如图所示。

2 确定长方体角点

返回到绘图区，根据命令行提示"BOX 指定第一个角点"信息，在空白处单击鼠标左键，确定长方体的第一点，如图所示。

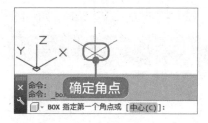

3 确定长方体其他角点

移动鼠标指针，根据命令行提示"BOX 指定其他角点"信息，至合适位置单击鼠标左键，确定长方体的其他角点，如图所示。

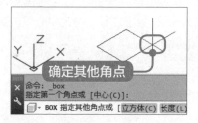

4 确定长方体高度

移动鼠标指针，根据命令行提示"BOX 指定高度"信息，至合适位置单击鼠标左键，确定长方体的高度，如图所示。

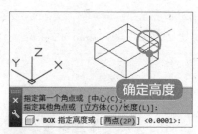

5 绘制的长方体效果

这样即可完成绘制长方体的操作，如图所示。

> **提示**
> 在菜单栏中，选择【绘图】菜单，在弹出的下拉菜单中，选择【建模】➤【长方体】菜单项，也可以调用长方体命令。

9.6.3 绘制楔体

楔体的下底面是梯形或平行四边形，上底面是平行于下底面的平行边的线段的拟柱体，下面介绍绘制楔体的操作方法。

1 调用【楔体】命令

新建 AutoCAD 空白文档，在【三维建模】空间中，在菜单栏中，选择【绘图】菜单，在弹出的下拉菜单中，选择【建模】➤【楔体】菜单项，如图所示。

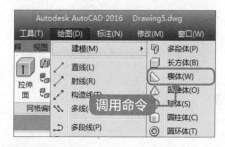

2 确定楔体第一个角点

返回到绘图区，根据命令行提示"WEDGE 指定第一个角点"信息，在空白处单击鼠标左键，确定角点位置，如图所示。

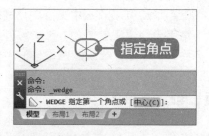

3 确定楔体其他角点

根据命令行提示"WEDGE 指定其他

角点"信息，移动鼠标指针，至合适位置单击鼠标左键，如图所示。

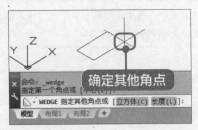

4 确定楔体高度

移动鼠标指针，根据命令行提示"WEDGE 指定高度"信息，至合适位置单击鼠标左键，如图所示。

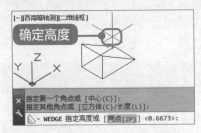

5 绘制的楔体效果

这样即可完成绘制楔体的操作，如图所示。

9.6.4 绘制圆锥体

在 AutoCAD 2016 中文版中，圆锥体通常用于创建房屋屋顶、锥形零件和装饰品等，下面介绍绘制圆锥体的操作方法。

1 调用圆锥体命令

新建 AutoCAD 空白文档，在【三维建模】空间中，在菜单栏中，选择【绘图】菜单，在弹出的下拉菜单中，选择【建模】▶【圆锥体】菜单项，如图所示。

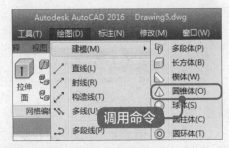

2 确定圆锥体第一个角点

返回到绘图区，根据命令行提示"CONE 指定底面的中心点"信息，在空白处单击鼠标左键，确定中心点位置，如图所示。

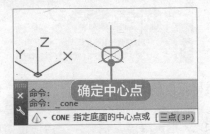

3 确定圆锥体底面半径

移动鼠标指针，根据命令行提示"CONE 指定底面半径"信息，至合适位置单击鼠标左键，如图所示。

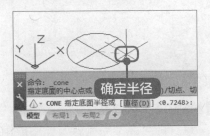

4 确定圆锥体高度

移动鼠标指针，根据命令行提示"CONE 指定高度"信息，至合适位置单击鼠标左键，如图所示。

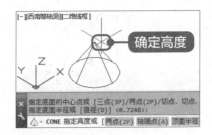

5 绘制的圆锥体效果

这样即可完成绘制圆锥体的操作，如图所示。

9.6.5 绘制球体

在 AutoCAD 2016 中文版中，空间中到定点的距离小于或等于定长的所有点组成的图形叫做球体，下面介绍绘制球体的操作方法。

1 调用球体命令

新建 AutoCAD 空白文档，在【三维建模】空间中，在【功能区】中，选择【实体】选项卡，在【图元】面板中，单击【球体】按钮○，如图所示。

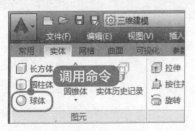

2 确定球体中心点

返回到绘图区，根据命令行提示"SPHERE 指定中心点"信息，在空白处单击鼠标左键，确定球体中心点位置，如图所示。

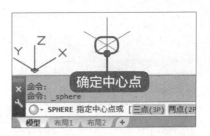

3 确定球体半径

移动鼠标指针，根据命令行提示"SPHERE 指定半径"信息，至合适位置单击鼠标左键，如图所示。

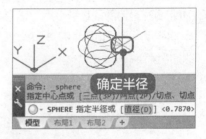

4 绘制球体效果

此时可以看到绘制好的球体，通过以上步骤即可完成绘制球体操作，如图所示。

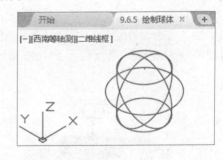

9.6.6 绘制圆柱体

圆柱体是指一个矩形绕着它的一边旋转一周而得到的几何体，下面将介绍绘制圆柱体的操作方法。

1 调用圆柱体命令

新建 AutoCAD 空白文档，在【三维建模】空间中，在【功能区】中，选择【实体】选项卡，在【图元】面板中，单击【圆柱体】按钮，如图所示。

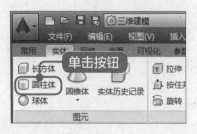

② 确定圆柱体底面中心点

返回到绘图区，根据命令行提示"CYLINDER 指定底面的中心点"信息，在空白处单击鼠标左键，确定中心点位置，如图所示。

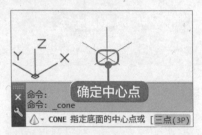

③ 确定圆柱体底面半径

根据命令行提示"CYLINDER 指定底面半径"信息，移动鼠标指针，至合适位置单击鼠标左键，如图所示。

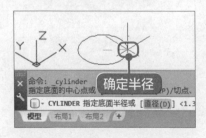

④ 确定圆柱体高度

根据命令行提示"CYLINDER 指定高度"信息，移动鼠标指针，至合适位置单击鼠标左键，如图所示。

⑤ 绘制的圆柱体效果

这样即可完成绘制圆柱体的操作，如图所示。

9.6.7 绘制圆环体

圆环体是由圆环体的中心到管道中心的圆环体半径，以及管道半径定义的，下面介绍绘制圆环体的操作方法。

① 调用圆环体命令

新建 AutoCAD 空白文档，在【三维建模】空间中，在菜单栏中，选择【绘图】菜单，在弹出的下拉菜单中，选择【建模】▶【圆环体】菜单项，如图所示。

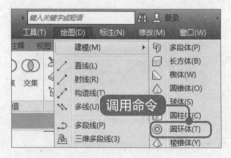

② 确定圆环体中心点

返回到绘图区，根据命令行提示"TORUS 指定中心点"信息，在空白处单击鼠标左键，确定圆环体的中心点位置，如图所示。

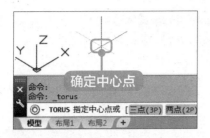

3 确定圆环体半径

根据命令行提示"TORUS 指定半径"信息，移动鼠标指针至合适位置单击鼠标左键，如图所示。

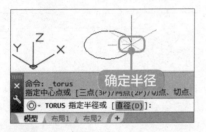

4 确定圆管半径

根据命令行提示"TORUS 指定圆管半径"信息，移动鼠标指针至合适位置单击鼠标左键，如图所示。

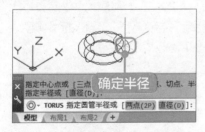

5 绘制的圆环体效果

这样即可完成绘制圆环体的操作，如图所示。

9.6.8 绘制棱锥体

在 AutoCAD 2016 中文版中，棱锥体的底面可以看作是一个多边形面，而其余各面则是由有一个公共顶点的面，且具有三角形特征的面所构成的实体，下面介绍绘制棱锥体的操作方法。

1 调用棱锥体命令

新建 AutoCAD 空白文档，在【三维建模】空间中，在菜单栏中，选择【绘图】菜单，在弹出的下拉菜单中，选择【建模】➤【棱锥体】菜单项，如图所示。

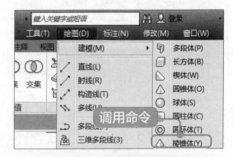

2 确定棱锥体中心点

返回到绘图区，根据命令行提示"PYRAMID 指定底面的中心点"信息，在空白处单击鼠标左键，确定棱锥体的中心点位置，如图所示。

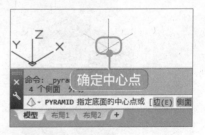

3 确定棱锥体底面半径

根据命令行提示"PYRAMID 指定底面半径"信息，移动鼠标指针至合适位置单击鼠标左键，如图所示。

5 绘制的棱锥体效果

这样即可完成绘制棱锥体的操作，如图所示。

4 确定棱锥体高度

根据命令行提示"PYRAMID·指定高度"信息，移动鼠标指针至合适位置单击鼠标左键，如图所示。

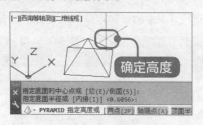

📢 提示

在绘制棱锥体时，当顶面圆半径为0时，绘制出的图形为棱锥体，如果顶面的半径大于0，绘制出的图形为棱锥台。

举一反三

在 AutoCAD 2016 中文版中，三维实体模型是三维绘图中，使用频率比较多的图形，并且由于三维实体的图形容易编辑与修改，在实际的操作中，很多图形都是由三维实体绘制而成的，如下图所示。

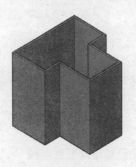

9.7 实战案例——由二维对象生成三维实体

本节学习时间 / 2分27秒

在 AutoCAD 2016 中文版中，将二维空间中的图形，通过拉伸、放样、旋转和扫掠等操作，可以将闭合的二维图形生成三维实体，将非闭合的二维图形生成为三维曲面，本节将介绍由二维对象生成三维实体方面的知识与操作技巧。

9.7.1 拉伸

通过拉伸二维或三维曲线，可以创建一个三维实体或曲面，下面以矩形为例，介绍拉伸图形的操作方法。

1 调用拉伸命令

新建 AutoCAD 空白文档并绘制矩形，在【三维建模】空间中，在【功能区】的【实体】选项卡中，在【实体】面板中，单击【拉伸】按钮，如图所示。

2 选择拉伸图形

返回到绘图区，根据命令行提示"EXTRUDE 选择要拉伸的对象"信息，选择要进行拉伸的图形对象，如图所示。

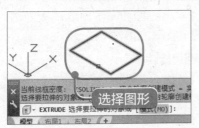

3 确定拉伸图形高度

在键盘上按下【Enter】键，根据命令行提示"EXTRUDE 指定拉伸的高度"信息，移动鼠标指针至合适位置并单击，如图所示。

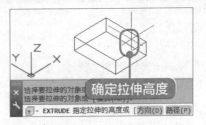

4 拉伸图形效果

此时可以看到拉伸后的图形，通过以上步骤即可完成拉伸图形的操作，如图所示。

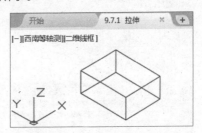

> 📢 提示
>
> 在菜单栏中，选择【绘图】➤【建模】➤【拉伸】菜单项，或者在命令行输入EXTRUDE命令，按下键盘上的【Enter】键，也可以调用拉伸命令。

9.7.2 放样

在 AutoCAD 2016 中文版中，放样是指在数个横截面之间的空间中创建三维实体或曲面。放样横截面可以是开放或闭合的平面或非平面，也可以是边子对象。下面介绍放样图形的操作方法。

1 调用放样命令

新建 AutoCAD 空白文档并绘制两条圆弧，在【三维建模】空间中，在菜单栏中，选择【绘图】菜单，在弹出的下拉菜单中，选择【建模】➢【放样】菜单项，如图所示。

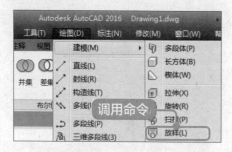

2 选择放样图形

返回到绘图区，根据命令行提示"LOFT 按放样次序选择横截面"的信息，使用又选方式选择要进行放样的图形对象，如图所示。

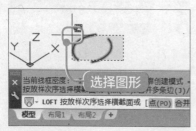

3 选择默认选项

在键盘上按下【Enter】键结束选择对象的操作，根据命令行提示"LOFT 输入选项"信息，按下键盘上的【Enter】键，选择默认【仅横截面】选项，如图

所示。

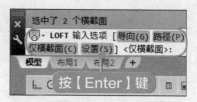

4 放样图形效果

此时可以看到放样后的图形效果，通过以上步骤即可完成放样图形的操作，如图所示。

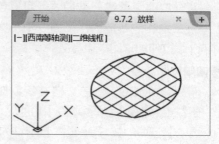

> **提示**
>
> 开放的横截面可以创建曲面，而闭合的横截面则可以创建实体或曲面。
>
> 在功能区的【实体】选项卡中，单击【实体】面板中的【放样】按钮，或在命令行输入【LOFT】命令，按下键盘上的【Enter】键，也可以调用放样命令。

9.7.3 旋转

在 AutoCAD 2016 中文版中，旋转是通过绕轴扫掠二维或三维曲线来创建三维实体或曲面，下面以线段为例，介绍旋转图形的操作方法。

1 调用旋转命令

新建 AutoCAD 空白文档，并绘制多段线，在【三维建模】空间中，在【功能区】中，选择【实体】选项卡，然后单击【实体】面板中的【旋转】按钮，如图所示。

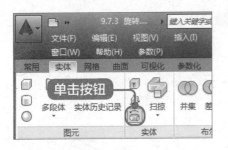

2 选择旋转图形

返回到绘图区，根据命令行提示"REVOLVE 选择要旋转的对象"的信息，选择要进行旋转的图形对象，如图所示。

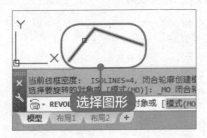

3 确定旋转轴起点

在键盘上按下【Enter】键结束选择对象操作，根据命令行提示"REVOLVE指定轴起点或根据以下选项之一定义轴"信息，选择旋转轴起点，如图所示。

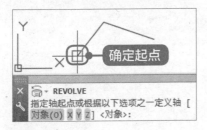

4 确定旋转轴端点

根据命令行提示"REVOLVE 指定轴端点"的信息，移动鼠标指针至合适位置单击鼠标左键，如图所示。

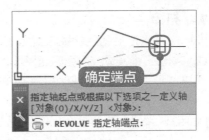

5 确定旋转角度

根据命令行提示"REVOLVE 指定旋转角度"信息，移动鼠标指针，至合适位置单击鼠标左键，确定旋转角度，如图所示。

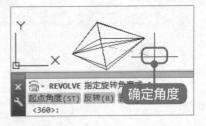

6 旋转图形效果

此时可以看到旋转后的图形，通过以上步骤即可完成旋转图形的操作，如图所示。

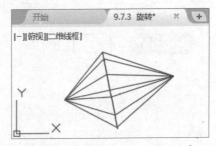

> 提示
> 用于旋转的二维对象可以是封闭的多段线、多边形、圆、椭圆、封闭的样条曲线、圆环或封闭区域，且每次只能对一个对象旋转。

9.7.4 扫掠

扫掠是通过沿路径扫掠二维或三维曲线来创建三维实体或曲面的建模工具，下面以圆形为例，介绍创建扫掠实体的操作方法。

1️⃣ 调用扫掠命令

新建 AutoCAD 空白文档并绘制扫掠图形，在【三维建模】空间中，在菜单栏中，选择【绘图】菜单，在弹出的下拉菜单中，选择【建模】➤【扫掠】菜单项，如图所示。

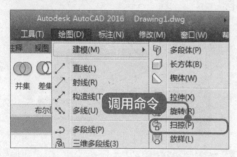

2️⃣ 选择扫掠图形

返回到绘图区，根据命令行提示"SWEEP 选择要扫掠的对象"的信息，选择要进行扫掠的图形对象，如图所示。

3️⃣ 选择扫掠路径

在键盘上按下【Enter】键结束选择图形操作，根据命令行提示"SWEEP 选择扫掠路径"的信息，选择作为扫掠路径的图形，如图所示。

4️⃣ 扫掠图形效果

此时可以看到扫掠后的图形，通过以上步骤即可完成扫掠图形的操作，如图所示。

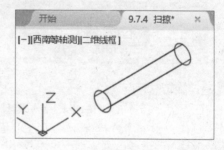

举一反三

　　掌握了由二维对象生成三维实体对象的知识，那么在绘制三维实体对象时，就可以有效地运用所掌握的方法，将一些简单的二维图形生成立体感较强的三维实体，例如，通过拉伸命令，可以绘制花盆、沙发等，如下图所示。

 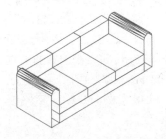

高手私房菜

　　本节将介绍多个操作技巧，包括控制曲面风格数量和设置曲面网格密度的具体操作方法，帮助读者学习与快速提高。

技巧 1 • 控制曲面网格数量

　　在 AutoCAD 2016 中文版中，曲面网格数量的多少控制着实体模型显示的效果，下面介绍使用系统变量【ISOLINES】设置曲面网格数量的操作方法。

1 调用 ISOLINES 命令

　　新建 AutoCAD 空白文档，在【三维建模】工作空间中，在命令行输入系统变量【ISOLINES】命令，按下键盘上的【Enter】键，如图所示。

2 输入曲面网格数量

　　根据命令行提示，在命令行输入曲面网格数量的值，按下键盘上的【Enter】键，即可完成设置曲面网格数量的操作方法，如图所示。

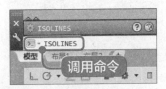

提示

曲面网格数的默认值为4，其数值在 0~2047之间。

技巧 2 • 设置曲面网格密度

曲面网格密度类似于栅格，SURFTAB1 变量控制的是直纹曲面和平移曲面生成的列表数目，SURFTAB2 变量控制的是旋转曲面和边界曲面垂直方向的列表数目。下面以 SURFTAB1 变量为例，介绍设置网格密度的操作方法。

1 调用 SURFTAB1 命令

新建 AutoCAD 空白文档，在【三维建模】工作空间中，在命令行输入网格密度变量【SURFTAB1】，按下键盘上的【Enter】键，如图所示。

2 设置曲面网格密度

根据命令行提示"SURFTAB1 输入 SURFTAB1 的新值"信息，在命令行输入 SURFTAB1 的新值 15，按下键盘上的【Enter】键，如图所示。

3 不同网格密度的图形效果

以默认网格密度与修改后的网格密度创建平移曲面，效果如图所示。

提示

拉伸表面、回转表面、直纹表面和界限表面的网格密度也是由SURFTAB1和SURFTAB2两个变量控制的。SURFTAB1和SURFTAB2的值越大，网格越密集，且变量值的范围为2~32766。

第 10 章

编辑三维图形

本章视频教学时间 / 12分05秒

🎧 重点导读

本章主要介绍了编辑三维实体和三维实体布尔运算方面的知识与操作技巧，同时还讲解了编辑三维实体的表面、三维图形的边，以及编辑三维曲面方面的知识与操作方法。通过本章的学习，读者可以掌握编辑三维图形方面的知识，为深入学习 AutoCAD 2016 奠定基础。

📖 本章主要知识点

- ✓ 实战案例——编辑三维实体
- ✓ 布尔运算
- ✓ 实战案例——编辑三维实体的表面
- ✓ 实战案例——编辑三维图形的边
- ✓ 实战案例——编辑三维曲面

10.1 实战案例——编辑三维实体

本节学习时间 / 2 分 16 秒

对于已经创建的三维实体，可以对其进行编辑操作，本节将详细介绍编辑三维实体方面的知识，包括剖切实体、创建截面、抽壳以及检查等内容。

10.1.1 剖切实体

剖切是指通过剖切或分割现有对象，来创建新的三维实体和曲面，下面介绍剖切实体的操作方法。

1 调用剖切命令

新建 AutoCAD 空白文档并绘制长方体，在【三维建模】空间中，在【功能区】的【常用】选项卡中，单击【实体编辑】面板中的【剖切】按钮，如图所示。

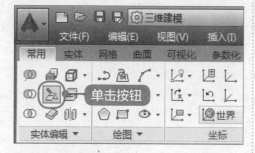

2 选择实体图形

返回到绘图区，根据命令行提示"SLICE 选择要剖切的对象"的信息，选择要进行剖切的实体图形，如图所示。

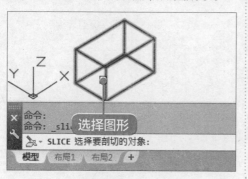

3 确定切面的起点

在键盘上按下【Enter】键，根据命令行提示"SLICE 指定切面的起点"信息，选择切面的起点，如图所示。

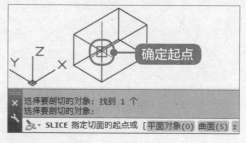

4 确定切面的第二点

根据命令行提示"SLICE 指定平面上的第二个点"信息，选择切面的第二个点，如图所示。

5 确定切面侧面上的点

根据命令行提示"SLICE 在所需的侧面上指定点"信息，选择切面的第三个点，如图所示。

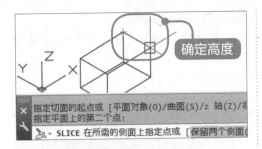

6 剖切实体效果

此时在绘图区中可以看到剖切后的实体，通过以上步骤即可完成剖切实体的操作，如图所示。

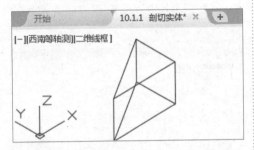

> **提示**
>
> 在菜单栏中，选择【修改】▶【三维操作】▶【剖切】菜单项，或者在【实体】选项卡的【实体编辑】面板中，单击【剖切】按钮，都可以调用剖切命令。

10.1.2 创建截面

截面平面是以通过三维对象创建剪切平面的方式来创建截面对象，选择屏幕上的任意点（不在面上）可以创建独立于实体的截面对象。下面介绍创建截面的操作方法。

1 调用截面平面命令

新建 AutoCAD 空白文档并绘制长方体，在【三维建模】空间中，在【功能区】的【常用】选项卡中，单击【截面】面板中的【截面平面】按钮，如图所示。

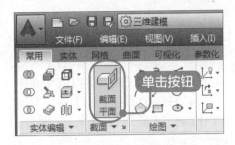

2 选择实体图形

返回到绘图区，根据命令行提示"截面平面 选择面或任意点以定位截面线"的信息，选择作为截面的实体面，如图所示。

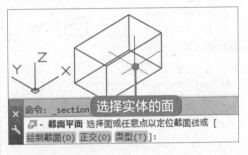

3 创建截面效果

此时可以看到创建的截面，这样即可完成创建截面的操作，如图所示。

> **提示**
>
> 在菜单栏中，选择【绘图】▶【建模】▶【截面平面】菜单项，或者在【实体】选项卡的【截面】面板中，单击【截面平面】按钮，都可以调用截面平面命令。

10.1.3 抽壳

抽壳是通过偏移被选中的三维实体的面，将原始的面与偏移面之外的实体删除，从而转换为有一定厚度的壳体，下面介绍抽壳实体的操作方法。

1 调用抽壳命令

打开"10.1.3 抽壳.dwg"素材文件，在【功能区】的【实体】选项卡中，在【实体编辑】面板中的【抽壳】下拉菜单中，选择【抽壳】菜单项，如图所示。

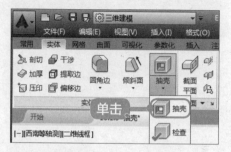

2 选择实体图形

返回到绘图区，根据命令行提示"SOLIDEDIT 选择三维实体"的信息，选择要进行抽壳操作的实体图形，如图所示。

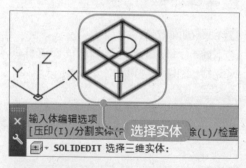

3 选择要删除的面

根据命令行提示"SOLIDEDIT 删除面"信息，选择图形圆，如图所示。

4 设置抽壳偏移距离

在键盘上按下【Enter】键结束选择对象操作，在命令行输入偏移距离 0.5，按下键盘上的【Enter】键，如图所示。

5 抽壳图形效果

在键盘上按下【Esc】键退出抽壳命令，通过以上步骤即可完成抽壳实体的操作，如图所示。

> **提示**
>
> 在执行抽壳实体操作时，若输入的抽壳偏移距离为正数，将从三维实体表面向内部抽壳，若为负数，则从实体中心向外抽壳。

10.1.4 检查

在 AutoCAD 2016 中文版中，【检查】命令可以检查三维实体中的几何数据。具体的操作方法为：选择【常用】选项卡，在【实体编辑】面板中单击【检查】按钮 ，然后选择三维实体对象，按下键盘上的【Enter】键完成操作。

对于选择的图形对象，如果是有效的三维实体对象，命令行会提示显示下一条信息，如下左图所示。

如果为无效的三维对象，系统会继续提示选择三维实体，如下右图所示。

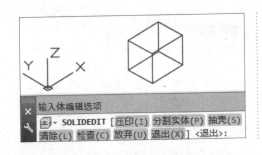

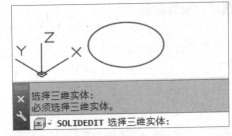

> **提示**
>
> 选择【实体】选项卡，在【实体编辑】面板中单击【检查】按钮，也可以调用检查命令。

在绘制一些三维实体模型时，首先要绘制好基础的三维实体，然后使用三维实体编辑命令，例如，使用抽壳、剖切等命令绘制油底壳与房屋屋顶，如下图所示。

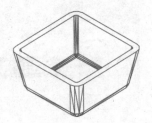

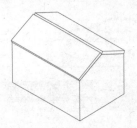

10.2 布尔运算

本节学习时间 / 1 分 28 秒

与二维图形一样，三维实体对象也可以进行布尔运算。本节将详细介绍三维实体对象布尔运算方面的知识。

10.2.1 交集运算

在 AutoCAD 2016 中文版中，交集运算是指保留多个实体对象的公共部分，删除不需要的部分所得到的实体部分的操作，下面介绍交集运算的操作方法。

1 调用交集命令

打开"10.2.1 交集运算.dwg"素材文件,在【三维建模】空间中,在【功能区】中,选择【实体】选项卡,在【布尔值】面板中,单击【交集】按钮⟨⟨⟩⟩,如图所示。

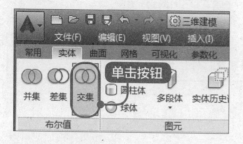

2 选择实体图形

返回到绘图区,根据命令行提示"INTERSECT 选择对象"信息,使用叉选方式选择要进行交集运算的三维实体对象,如图所示。

3 交集运算效果

在键盘上按下【Enter】键退出交集运算命令,这样即可完成实体图形交集运算的操作,如图所示。

提示

在菜单栏中,选择【修改】➤【实体编辑】➤【交集】菜单项,或在【常规】选项卡的【实体编辑】面板中,单击【交集】按钮,也可以调用交集命令。

10.2.2 差集运算

在 AutoCAD 2016 中文版中,差集运算是指用第一个实体对象减去第二个实体对象而得到实体部分的操作,下面介绍差集运算的操作方法。

1 调用差集命令

打开"10.2.2 差集运算.dwg"素材文件,在【三维建模】空间中,在【功能区】中,选择【实体】选项卡,在【布尔值】面板中,单击【差集】按钮⟨⟨⟩⟩,如图所示。

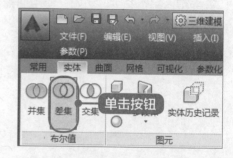

2 选择从中减去的实体对象

返回到绘图区,根据命令行提示"SUBTRACT 选择对象"信息,在要进行差集运算的三维实体中,选择要从中减去的实体对象,如图所示。

3 选择要减去的实体对象

在键盘上按下【Enter】键，结束选择从中减去实体的操作，根据命令行提示"SUBTRACT 选择对象"信息，选择要减去的三维实体对象，如图所示。

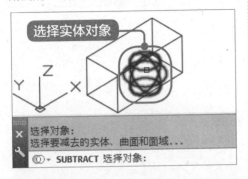

4 差集运算效果

在键盘上按下【Enter】键退出差集命令，此时可以看到差集运算后的三维实体效果，通过以上步骤即可完成实体差集运算的操作，如图所示。

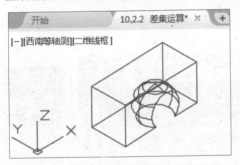

提示

执行差集运算时，若选择的第二个实体包含在第一个实体中，差集运算的结果是从第一个实体中减去第二个实体；若第二个实体只有部分包含在第一个实体中，差集运算的结果是第一个实体减去两个实体中的公共部分。

10.2.3 并集运算

在 AutoCAD 2016 中文版中，并集运算是指将两个或多个三维实体、曲面或二维面域合并为一个复合三维实体、曲面或面域，下面将详细介绍对三维实体进行并集运算的操作方法。

1 调用并集命令

打开"10.2.3 并集运算 .dwg"素材文件，在【三维建模】空间中，在【功能区】中，选择【实体】选项卡，在【布尔值】面板中，单击【并集】按钮，如图所示。

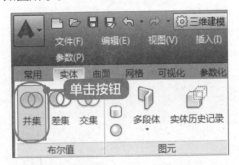

2 选择实体图形

返回到绘图区，根据命令行提示"UNION 选择对象"信息，使用又选方式选择要进行并集运算的三维实体对象，如图所示。

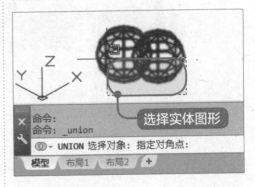

3 并集运算效果

在键盘上按下【Enter】键退出并集运算命令，此时可以看到并集运算后的实体图形，通过以上步骤即可完成实体图形并集运算的操作，如图所示。

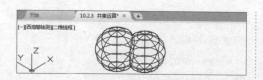

提示

在菜单栏中，选择【修改】➢【实体编辑】➢【并集】菜单项，或者在命令行输入【UNION】命令，按下键盘上的【Enter】键，都可以调用并集运算命令。

掌握了在三维空间中绘制简单图形的方法，就可以配合其他的命令绘制一些简单的实物图形了，如花盆、茶几等，如下图所示。

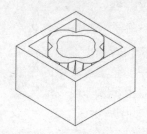

10.3 实战案例——编辑三维实体的表面

本节学习时间 / 3 分 31 秒

在 AutoCAD 2016 中文版中，可以对创建的三维实体的表面进行编辑，包括移动面、偏移面、倾斜面、拉伸面和旋转面等操作，本节将详细介绍编辑三维实体表面方面的知识与操作技巧。

10.3.1 移动面

移动面是指将三维实体上的一个或多个面向指定方向移动，从而更改对象的形状的操作，并且移动的只是选定的实体面且不改变面的方向，下面介绍移动面的操作方法。

1 调用移动命令

新建 AutoCAD 空白文档并绘制三维实体，在【三维建模】空间中，在菜单栏中，选择【修改】➢【实体编辑】➢【移动面】菜单项，如图所示。

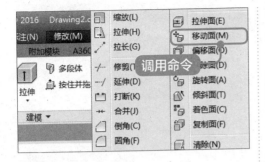

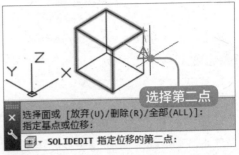

位移的第二点"信息,移动鼠标指针至合适位置单击鼠标左键,确定移动面的第二点,如图所示。

2 选择实体面

返回到绘图区,根据命令行提示"SOLIDEDIT 选择面"的信息,选择要进行移动的实体面,如图所示。

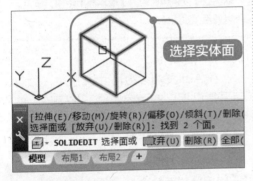

3 选择移动面基点

在键盘上按下【Enter】键结束选择面操作,根据命令行提示"SOLIDEDIT指定基点或位移"信息,选择基点,如图所示。

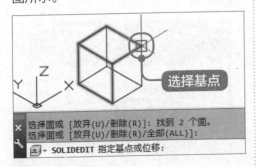

4 选择移动面第二点

根据命令行提示"SOLIDEDIT 指定

5 移动面效果

在键盘上按下【Esc】键退出移动面命令,这样即可完成移动面的操作,如图所示。

> ✦ 提示
>
> 可以在【功能区】中的【常用】选项卡中,在【实体编辑】面板中,单击【移动面】按钮,来调用移动面命令。

10.3.2 偏移面

在 AutoCAD 2016 中文版中,偏移面是指将三维实体选定的面,按照指定的距离进行偏移,从而更改对象的形状的操作,下面介绍偏移面的操作方法。

1 调用偏移面命令

新建 AutoCAD 空白文档并绘制三维实体,在【三维建模】空间中,在菜单栏中,选择【修改】➤【实体编辑】➤【偏移面】菜单项,如图所示。

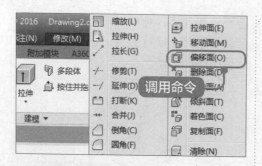

2 选择实体面

返回到绘图区，根据命令行提示"SOLIDEDIT 选择面"信息，选择要进行偏移的实体面，如图所示。

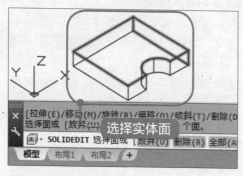

3 设置偏移距离

在键盘上按下【Enter】键结束选择面操作，根据命令行提示"SOLIDEDIT 指定偏移距离"信息，在命令行输入 1，并按下键盘上的【Enter】键，如图所示。

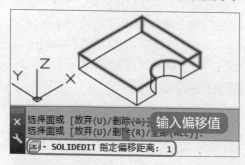

4 偏移面效果

在键盘上按下【Esc】键退出偏移面命令，通过以上步骤即可完成偏移面的

操作，如图所示。

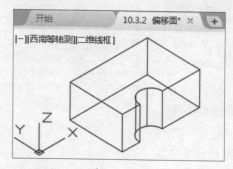

> **提示**
>
> 在【功能区】中的【常用】选项卡中，在【实体编辑】面板中，单击【偏移面】按钮，也可以调用偏移面命令。

10.3.3 倾斜面

在 AutoCAD 2016 中文版中，倾斜面是指以指定的角度倾斜三维实体上的面，其中倾斜角的旋转方向由选择基点和第二点（沿选定矢量）的顺序决定，下面将详细介绍倾斜面的操作方法。

1 调用倾斜面命令

新建 AutoCAD 空白文档并绘制长方体，在【三维建模】空间中，在【功能区】的【常用】选项卡中，单击【实体编辑】面板中的【倾斜面】菜单项，如图所示。

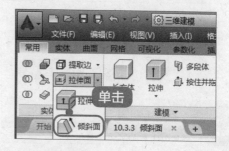

2 选择倾斜面

返回到绘图区，根据命令行提示"SOLIDEDIT 选择面"信息，选择要进

行倾斜的实体面，如图所示。

按下键盘上的【Enter】键，如图所示。

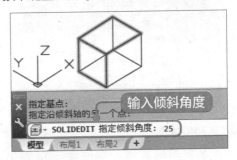

③ 确定倾斜面基点

在键盘上按下【Enter】键结束选择面操作，根据命令行提示"SOLIDEDIT 指定基点"信息，选择倾斜面基点，如图所示。

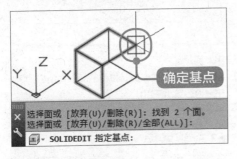

④ 确定倾斜轴另一点

根据命令行提示"SOLIDEDIT 指定沿倾斜轴的另一个点"信息，移动鼠标指针，至合适位置单击鼠标左键，确定倾斜轴的另一点，如图所示。

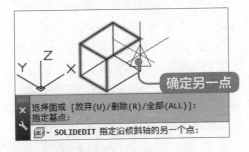

⑤ 设置倾斜角度

根据命令行提示"SOLIDEDIT 指定倾斜角度"信息，在命令行输入 25，并

⑥ 倾斜面效果

在键盘上按下【Esc】键退出倾斜面命令，通过以上步骤即可完成倾斜面的操作，如图所示。

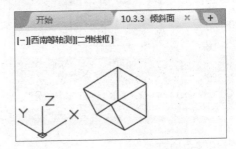

> 📢 提示
>
> 在菜单栏中，选择【修改】➤【实体编辑】➤【倾斜面】菜单项，也可以调用倾斜面命令。

10.3.4 拉伸面

将三维实体的选定面，按指定的距离或沿某条路径进行拉伸的操作，称为拉伸面。在 AutoCAD 2016 中文版中，可以拉伸网格和其他类型的对象，下面将介绍对实体拉伸面的操作方法。

① 调用拉伸面命令

新建 AutoCAD 空白文档并绘制楔体，在【三维建模】空间中，在【功能区】的【常用】选项卡中，单击【实体编辑】面板中的【拉伸面】菜单项，如图所示。

2 选择拉伸面

返回到绘图区，根据命令行提示"SOLIDEDIT 选择面"信息，选择要进行拉伸的实体面，如图所示。

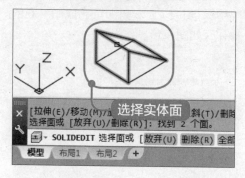

3 设置拉伸高度

根据命令行提示"SOLIDEDIT 指定拉伸高度"信息，在命令行输入拉伸高度值5，按下键盘上的【Enter】键，如图所示。

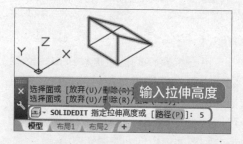

4 设置拉伸倾斜角度

根据命令行提示"SOLIDEDIT 指定拉伸的倾斜角度"信息，在命令行输入倾斜角度值45，按下键盘上的【Enter】键，如图所示。

5 拉伸面效果

此时，可以看到实体被拉伸后的效果，这样即可完成对实体拉伸面的操作，如图所示。

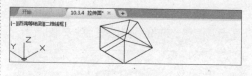

> 📢 提示
>
> 在执行拉伸面操作时，拉伸的倾斜角度必须大于-90°且小于90°。

10.3.5 旋转面

将三维实体的选定面绕指定的轴旋转，来更改对象形状的操作，称为旋转面，下面将详细介绍在 AutoCAD 2016 中文版中旋转面的操作方法。

1 调用旋转面命令

新建 AutoCAD 空白文档并绘制长方体，在【三维建模】空间中，在菜单栏中，选择【修改】▶【实体编辑】▶【旋转面】菜单项，如图所示。

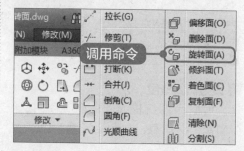

2 选择旋转面

返回到绘图区，根据命令行提示"SOLIDEDIT 选择面"信息，选择要进行旋转的实体面，如图所示。

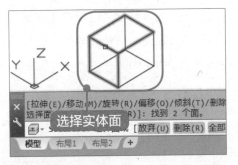

3 确定旋转面轴点

在键盘上按下【Enter】键结束选择面操作，根据命令行提示"SOLIDEDIT 指定轴点"信息，选择旋转面轴点，如图所示。

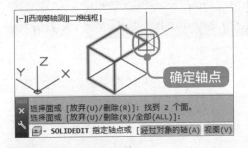

4 确定旋转轴第二点

根据命令行提示"SOLIDEDIT 在旋转轴上指定第二个点"信息，移动鼠标指针至合适位置单击鼠标左键，确定旋转轴的第二点，如图所示。

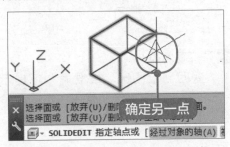

5 设置旋转角度

根据命令行提示"SOLIDEDIT 指定旋转角度"信息，在命令行输入旋转角度 30，按下键盘上的【Enter】键，如图所示。

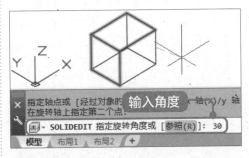

6 旋转面效果

在键盘上按下【Esc】键退出旋转面命令，通过以上步骤即可完成旋转面的操作，如图所示。

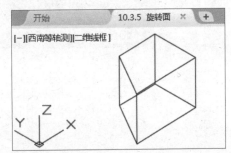

提示

在AutoCAD 2016中文版中，【SOLID-EDIT】命令可以拉伸、移动、旋转、偏移、倾斜、复制和删除面等，同时也可以为实体面指定颜色及添加材质，但不能对网格对象使用【SOLIDEDIT】命令。

在 AutoCAD 2016 中文版中，编辑三维实体表面的命令除了本节具体介绍的内容，还包括复制面、着色面与删除面命令。删除面可以将不需要的实体面删除，也可以删除三维实体的圆角或倒角边。复制面和着色面的操作方法与拉伸面等命令的方式相似，如下图所示为复制面与着色面的效果图。

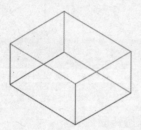

10.4 实战案例——编辑三维图形的边

本节学习时间 / 3 分 18 秒

在绘制三维图形时，可以根据绘图需要，对三维实体的边进行着色边、倒角边、圆角边、提取边和压印边等操作，本节将详细介绍编辑三维图形的边方面的知识与操作技巧。

10.4.1 着色边

在 AutoCAD 2016 中文版中，着色边是指更改三维实体选定的边的颜色，可以改变一条或者多条边的颜色。在绘制图形时，通常亮显相交的边会使用着色边进行标注，下面介绍着色边的操作方法。

1 调用着色边命令

新建 AutoCAD 空白文档并绘制棱锥体，在【三维建模】空间中，在菜单栏中，选择【修改】➤【实体编辑】➤【着色边】菜单项，如图所示。

2 选择着色边

返回到绘图区，根据命令行提示"SOLIDEDIT 选择边"信息，选择要着色的实体边，如图所示。

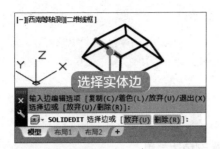

3 设置着色边颜色

在键盘上按下【Enter】键结束选择边操作，在弹出的【选择颜色】对话框中，选择【索引颜色】选项卡，设置着色边的颜色，单击【确定】按钮 确定，如图所示。

4 着色边效果

在键盘上按下【Esc】键退出着色边命令，通过以上步骤即可完成着色边的操作，如图所示。

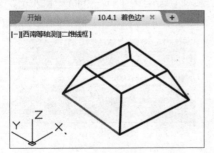

📢 提示

在选择要着色的实体边时，可以同时选择多条边来进行着色。

📢 提示

在【功能区】中，选择【常用】选项卡，在【实体编辑】面板中，选择【提取边】下拉菜单中的【着色边】菜单项，也可以调用着色边命令。

10.4.2 倒角边

在 AutoCAD 2016 中文版中，倒角边是指对三维实体选定的边进行倒角操作，下面将详细介绍倒角边的操作方法。

1 调用倒角边命令

新建 AutoCAD 空白文档并绘制长方体，在【三维建模】空间中，在命令行输入【倒角边】命令 CHAMFEREDGE，并按下键盘上的【Enter】键，如图所示。

2 激活距离选项

根据命令行提示"CHAMFEREDGE 选择一条边"，在命令行输入 D，按下键盘上的【Enter】键，激活【距离】选项，如图所示。

3 设置倒角距离 1

根据命令行提示 "CHAMFEREDGE 指定距离 1" 信息，在命令行输入 0.3，按下键盘上的【Enter】键，如图所示。

4 设置倒角距离 2

根据命令行提示 "CHAMFEREDGE 指定距离 2" 信息，在命令行输入 0.3，按下键盘上的【Enter】键，如图所示。

5 选择倒角边

返回到绘图区，根据命令行提示 "CHAMFEREDGE 选择一条边" 信息，选择要进行倒角的实体边，如图所示。

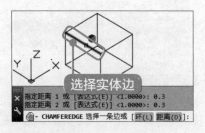

6 接受倒角操作

在键盘上按下【Enter】键结束选择边操作，根据命令行提示再次按下【Enter】键，接受倒角操作，如图所示。

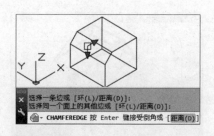

7 倒角边效果

这样即可完成倒角边的操作，如图所示。

> 📢 提示
>
> 在菜单栏中，选择【修改】➤【实体编辑】➤【倒角边】菜单项，或在【实体】选项卡的【实体编辑】面板中，选择【倒角边】菜单项，也可以调用倒角边命令。

10.4.3 圆角边

圆角边是指对三维实体选定的边进行圆角的操作，可以使用 FILLETEDGE 命令来调用圆角边命令，下面介绍具体的操作方法。

1 调用圆角边命令

新建 AutoCAD 空白文档并绘制长方体，在【三维建模】空间中，在命令行输入【圆角边】命令 FILLETEDGE，并按下键盘上的【Enter】键，如图所示。

2 激活半径选项

根据命令行提示"FILLETEDGE 选择边"，在命令行输入 R 并按下键盘上的【Enter】键，激活【半径】选项，如图所示。

3 设置圆角半径

根据命令行提示"FILLETEDGE 输入圆角半径"信息，在命令行输入半径值 0.5，按下键盘上的【Enter】键，如图所示。

4 选择圆角边

返回到绘图区，根据命令行提示"FILLETEDGE 选择边"信息，选择要进行圆角的实体边，如图所示。

5 确认圆角选项

在键盘上按下【Enter】键结束选择边操作，根据命令行提示在键盘上按下【Enter】键，如图所示。

6 圆角边效果

此时可以看到圆角边的图形，这样即可完成圆角边的操作，如图所示。

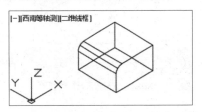

> **提示**
> 在菜单栏中，选择【修改】▷【实体编辑】▷【圆角边】菜单项，或在【实体】选项卡的【实体编辑】面板中，选择【圆角边】菜单项，也可以调用圆角边命令。

10.4.4 提取边

在 AutoCAD 2016 中文版中，提取边是指提取三维实体、曲面、网格、面域或子对象的边，从而创建线框模型，下面介绍提取边的操作方法。

1 调用提取边命令

新建 AutoCAD 空白文档并绘制长方体，在【三维建模】空间中，在【功能区】中，选择【实体】选项卡，在【实体编辑】面板中，单击【提取边】按钮，如图所示。

2 选择实体图形

返回到绘图区，根据命令行提示"XEDGES 选择对象"信息，选择要进行提取边的实体图形，然后在键盘上按下【Enter】键，如图所示。

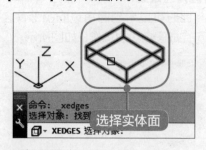

3 提取边效果

此时可以看到提取的所有实体的边，这样即可完成提取边的操作，如图所示。

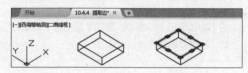

💬 提示

在菜单栏中，选择【修改】▶【实体编辑】▶【提取边】菜单项，也可以调用提取边命令。

10.4.5 压印边

在 AutoCAD 2016 中文版中，压印边是指将二维几何图形压印到三维实体上，下面介绍压印边的操作方法。

1 调用压印命令

打开"10.4.5 压印边 .dwg"素材文件，在【功能区】的【实体】选项卡中，单击【实体编辑】面板中的【压印】按钮，如图所示。

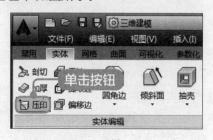

2 选择实体图形

返回到绘图区，根据命令行提示"IMPRINT 选择三维实体或曲面"信息，选择三维实体对象，如图所示。

3 选择压印图形对象

根据命令行提示"IMPRINT 选择要压印的对象"信息，选择要压印的图形，如图所示。

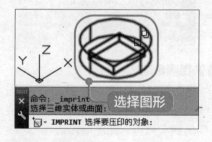

4 选择实体图形

根据命令行提示"IMPRINT 是否删除源对象"信息，在命令行按下键盘上的【Enter】键，选择默认选项【否】，如图所示。

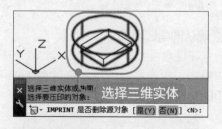

5 压印边效果

按下键盘上的【Esc】键退出压印命

令，即可完成压印边的操作，压印前与压印后的效果如图所示。

举一反三

在绘制三维图形时，通过对边的编辑操作，可以创建出更多种类的三维实体图形，例如，机械零件、建筑实物等，如下图所示。

10.5　实战案例——编辑三维曲面

本节学习时间 / 1 分 32 秒 ▶

在三维工作空间中，对于已创建的三维曲面，同样可以进行编辑与修改操作，本节将详细介绍编辑三维曲面方面的知识与操作技巧，包括修剪曲面、延伸曲面和造型等。

10.5.1　修剪曲面

在 AutoCAD 2016 中文版中，使用修剪曲面命令，可以剪掉与曲线、面域或曲面相交的曲面部分。而剪切曲线的对象可以是直线、矩形、圆弧和多边形等图形。下面介绍修剪曲面的操作方法。

1 调用曲面修剪命令

打开 "10.5.1　曲面 .dwg" 素材文件，在【三维建模】空间中，在【功能区】中，选择【曲面】选项卡，在【编辑】面板中，单击【修剪】按钮 ⊕，如图所示。

② 选择曲面

返回到绘图区，根据命令行提示"SURFTRIM 选择要修剪的曲面或面域"信息，选择要进行修剪的曲面，如图所示。

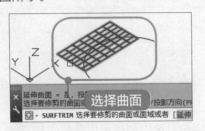

③ 选择剪切对象

在键盘上按下【Enter】键结束选择曲面操作，根据命令行提示"SURFTRIM 选择剪切曲线、曲面或面域"信息，选择要剪切的曲线，如图所示。

④ 选择修剪区域

在键盘上按下【Enter】键结束选择曲线操作，根据命令行提示"SURFTRIM 选择要修剪的区域"信息，移动鼠标指针至要剪切的区域并单击，如图所示。

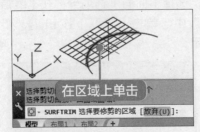

⑤ 修剪曲面效果

在键盘上按下【Enter】键退出修

剪曲面命令，这样即可完成修剪曲面的操作，曲面修剪后与修剪前的效果如图所示。

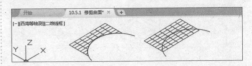

📢 提示

在菜单栏中，选择【修改】▶【曲面编辑】▶【修剪】菜单项，或者在命令行输入【SURFTRIM】命令，按下键盘上的【Enter】键，也可以调用修剪曲面命令。

10.5.2 延伸曲面

在 AutoCAD 2016 中文版中，可以使用延伸曲面命令延长选定的曲面，以便与其他对象相交，下面介绍延伸曲面的操作方法。

① 调用曲面延伸命令

打开"10.5.2 曲面.dwg"素材文件，在【三维建模】空间中，在【功能区】中，选择【曲面】选项卡，在【编辑】面板中，单击【延伸】按钮 ✐，如图所示。

② 选择曲面边

返回到绘图区，根据命令行提示"SURFEXTEND 选择要延伸的曲面边"信息，选择要进行延伸的曲面边，如图所示。

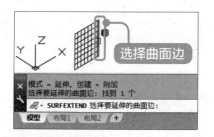

3 确定延伸距离

在键盘上按下【Enter】键，根据命令行提示的"SURFEXTEND 指定延伸距离"信息，移动鼠标指针至合适位置并单击，确定延伸距离，如图所示。

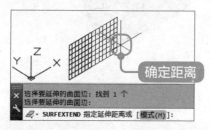

4 选择修剪区域

此时可以看到延伸后的曲面，通过以上步骤即可完成延伸曲面的操作，如图所示。

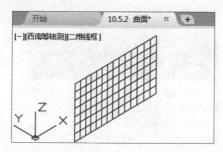

10.5.3 造型

使用造型命令，可以修剪和合并构成面域的多个曲面，以创建无间隙的实体，下面介绍曲面造型的操作方法。

1 调用造型命令

打开"10.5.3 曲面.dwg"素材文件，在【三维建模】空间中，在【功能区】中，选择【曲面】选项卡，在【编辑】面板中，单击【造型】按钮，如图所示。

2 选择实体对象

返回到绘图区，根据命令行提示"SURFSCULPT 选择要造型为一个实体的曲面或实体"信息，选择要进行造型的实体对象，如图所示。

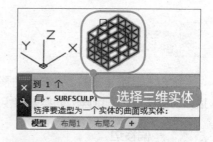

3 造型效果

在键盘上按下【Enter】键结束造型操作，这样即可完成曲面造型的操作，造型后与造型前的实体图形效果如图所示。

在编辑三维曲面时，充分利用修剪曲面、延伸曲面及造型命令，可以使绘制的图形更加完善，同时节省绘图时间。而且在绘制三维图形的过程中，可以通过造型命令，将无间隙的三维网格转换为实体图形，以方便观察。使用修剪曲面与造型命令绘制的图形效果如下图所示。

高手私房菜

综合本章所学知识，本节归纳整理出了几个编辑三维图形的操作技巧，包括如何偏移边和三维阵列的具体操作方法，以帮助读者学习与快速提高。

技巧 1 • 偏移边

对于三维实体来说，既可以对其进行偏移面操作，也可以对其进行偏移边的操作，下面将介绍偏移边的操作方法。

1 调用偏移边命令

新建 AutoCAD 空白文档并绘制长方体，在【三维建模】空间中，在【功能区】中，选择【实体】选项卡，在【实体编辑】面板中，单击【偏移边】按钮，如图所示。

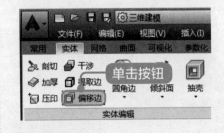

2 选择实体面

返回到绘图区，根据命令行提示"OFFSETEDGE 选择面"信息，选择要偏移的实体面，如图所示。

3 确定偏移通过点

根据命令行提示"OFFSETEDGE 指定通过点"信息，移动鼠标指针至合适位置单击，确定通过点，如图所示。

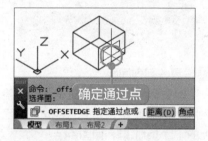

4 偏移边效果

在键盘上按下【Enter】键退出偏移边命令，通过以上步骤即可完成偏移边的操作，如图所示。

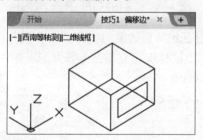

> **提示**
>
> 在执行偏移操作时，选择实体面后，在命令行激活【距离】选项，然后在命令行输入具体的值，也可以对选中的实体面进行偏移边操作。

技巧 2 • 三维阵列

在 AutoCAD 2016 中文版中，三维阵列分为矩形阵列和环形阵列两种。使用三维阵列可以为对象创建多个副本，下面以矩形阵列为例，介绍创建三维阵列的操作方法。

1 调用三维阵列命令

新建 AutoCAD 空白文档并绘制球体，在【三维建模】空间中，在命令行输入【三维阵列】命令 3DARRAY，按下键盘上的【Enter】键，如图所示。

2 选择阵列对象

返回到绘图区，根据命令行提示"选择对象"信息，选择要进行阵列的实体对象，如图所示。

3 选择阵列类型

在键盘上按下【Enter】键结束选择对象操作，在命令行输入【矩形】选项命令 R，按下键盘上的【Enter】键，如图所示。

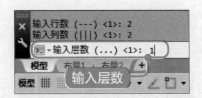

4 设置阵列行数

根据命令行提示，在命令行中输入阵列的行数，如2，并按下键盘上的【Enter】键，如图所示。

5 设置阵列列数

根据命令行提示，在命令行中输入阵列的列数，如2，并按下键盘上的【Enter】键，如图所示。

6 设置阵列层数

根据命令行提示，在命令行输入阵列层数，如1，并按下键盘上的【Enter】键，如图所示。

7 设置阵列行间距

根据命令行提示，在命令行中输入阵列的行间距，如2，并按下键盘上的【Enter】键，如图所示。

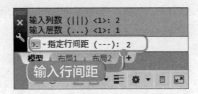

8 设置阵列列间距

根据命令行提示，在命令行中输入阵列的列间距，如2，并按下键盘上的【Enter】键，如图所示。

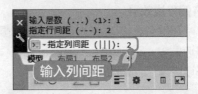

9 三维阵列效果

这样即可完成三维阵列的操作，如图所示。

第 11 章

三维图形的显示与渲染

本章视频教学时间 / 3分19秒

🎧 重点导读

本章主要介绍了消隐与渲染基础方面的知识，同时还讲解了应用相机以及设置材质与渲染方面的知识和操作方法。通过本章的学习，读者可以掌握三维图形的显示与渲染方面的知识，为深入学习 AutoCAD 2016 奠定基础。

📖 本章主要知识点

✓ 消隐与渲染基础

✓ 实战案例——应用相机

✓ 实战案例——设置材质与渲染

11.1 消隐与渲染基础

本节学习时间 / 42 秒

在 AutoCAD 2016 中文版的三维工作空间中，为了使绘制的图形更加美观、逼真，且接近于实物，经常会用到图形的消隐与渲染功能，本节将详细介绍消隐与渲染基础方面的知识。

11.1.1 图形消隐

在绘制复杂图形时，图形中过多的线框会影响图形信息的传达，需要使用消隐功能将背景对象隐藏，这样可以让图形显示效果更加简洁、清晰。

图形消隐是一个临时的视图，在消隐状态下的模型对象进行编辑或缩放后，视图将恢复到线框图状态，下面介绍消隐图形的操作方法。

1 调用剖切命令

新建 AutoCAD 空白文档并绘制实体图形，在【三维建模】空间中，在命令行输入【消隐】命令 HIDE，如图所示。

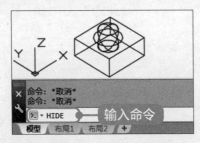

2 选择实体图形

按下键盘上的【Enter】键，此时可以看到图形已处于消隐状态，这样即可完成消隐图形的操作，如图所示。

> 📢 **提示**
>
> 在菜单栏中选择【视图】菜单，在弹出的下拉菜单中选择【消隐】菜单项，也可以调用消隐命令。

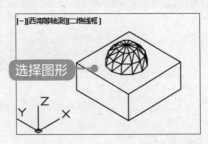

11.1.2 渲染

渲染指的是基于三维场景来创建二维图像。在三维工作空间中，它使用已设置的光源、已应用的材质和环境设置为场景的几何图形着色。

在 AutoCAD 2016 中文版中，在制图过程中，可以运用雾化、光源和材质，将模型渲染为具有真实感的图像。如果是为了演示，可以渲染全部对象；如果时间有限，或显示设备和图形设备不能提供足够的灰度等级和颜色，就不必对图形进行精细渲染。如下图所示为某机械零件的渲染效果图。

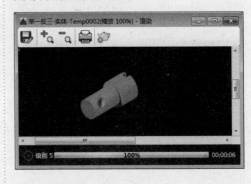

> **提示**
> 如果需要快速查看设计的整体效果，可以对三维图形进行简单消隐或设置视觉样式等操作。

11.2 实战案例——应用相机

本节学习时间 / 1分04秒

在 AutoCAD 2016 中文版中，将相机放置到图形中，并指定相机的位置、目标和焦距，可以很方便地创建并保存图形对象的三维透视视图，本节将重点介绍应用相机方面的知识。

11.2.1 创建相机

使用相机命令可以设置相机和目标的位置来观察实体图形，下面介绍创建相机的操作方法。

1 调用相机命令

新建 AutoCAD 空白文档并绘制实体，在【三维建模】空间中，在【功能区】中，选择【可视化】选项卡，在【相机】面板中，单击【创建相机】按钮，如图所示。

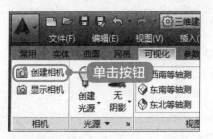

2 确定相机位置

返回到绘图区，根据命令行提示"CAMERA 指定相机位置"信息，在图形周围合适位置单击鼠标左键，确定相机位置，如图所示。

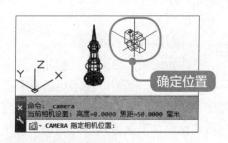

3 确定相机目标位置

根据命令行提示"CAMERA 指定目标位置"信息，移动鼠标指针至合适位置并单击鼠标左键，确定相机的目标位置，如图所示。

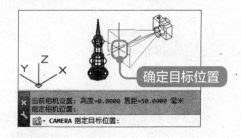

4 创建相机效果

在键盘上按下【Enter】键退出创建相机命令，通过以上步骤即可完成创建相机的操作，如图所示。

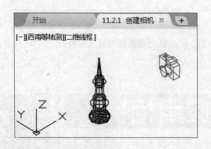

如图所示。

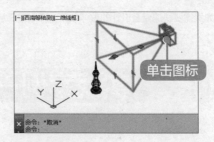

> **📢 提示**
>
> 在菜单栏中，选择【视图】菜单，在弹出的下拉菜单中，选择【创建相机】菜单项，也可以调用创建相机命令。

11.2.2 使用相机查看图形

在 AutoCAD 2016 中文版中，为图形创建相机后，就可以使用相机查看图形了，并且可以移动相机的位置来调整观看的角度，下面将详细介绍使用相机查看图形的操作方法。

① 单击相机图标

在 AutoCAD 2016 中文版的【三维建模】工作空间中，找到已创建相机的图形，使用鼠标单击已创建的相机图标，

② 查看图形对象

弹出【相机预览】对话框，在该对话框中即可看到图形显示效果，在【视觉样式】对话框中，可以选择图形的显示样式，这样即可完成使用相机查看图形的操作，如图所示。

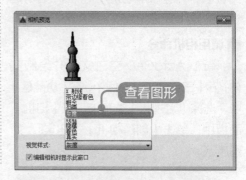

在三维工作空间中，除了对实体模型使用相机功能，还可以在【可视化】选项卡的【视觉样式】面板中为图形选择观察样式，以便于更好地观察图形，如下图所示。

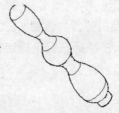

11.3　实战案例——设置材质与渲染

本节学习时间 / 3 分 33 秒

在 AutoCAD 2016 中文版中，可以将材质添加到图形对象中，从而提供真实的图形显示效果，同时使用"渲染"程序，应用三维模型中的材质和光源，来为三维模型进行着色，本小节将介绍材质与渲染设置方面的知识。

11.3.1　创建材质

在 AutoCAD 2016 中文版中，为了使创建的三维实体模型能够得到更好的显示效果，可以根据绘图需要为实体模型应用相应的材质，下面介绍在【材质编辑器】选项板中创建材质的操作方法。

1 打开材质编辑器

新建 AutoCAD 空白文档，在【三维建模】空间中，在菜单栏中，选择【视图】➤【渲染】➤【材质编辑器】菜单项，如图所示。

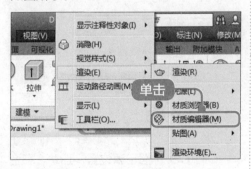

> **提示**
>
> 选择【视图】选项卡，在【选项板】面板中，单击【材质编辑器】按钮，也可以打开材质编辑器选项板。

2 创建材质

打开【材质编辑器】选项板，在选项板的左下角，单击【创建或复制材质】按钮，在弹出的下拉菜单中，选择【新建常规材质】菜单项，如图所示。

3 设置材质信息

选择【信息】选项卡，在【信息】区域，设置材质的名称、说明及关键字信息，如图所示。

4 选择移动面第二点

选择【外观】选项卡，设置材质的常规、反射率等信息，设置完成后，单击【关闭】按钮 ✕，即可完成创建材质的操作，如图所示。

提示

在【材质浏览器】选项板中，可以创建已有材质的副本。

11.3.2 设置光源

光源的设置会直接影响三维实体渲染的效果，同时也影响绘制图形的水准。常用的光源类型包括点光源、聚光灯、平行光和光域网灯光。下面以点光源为例，介绍设置光源的操作方法。

1 创建点光源

新建 AutoCAD 空白文档并绘制三维实体，在【三维建模】空间中，在【功能区】的【可视化】选项卡中，在【光源】面板中，选择【创建光源】下拉菜单中的【点】菜单项，如图所示。

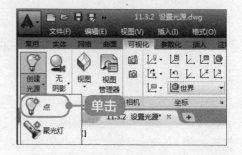

2 弹出【光源－视口光源模式】对话框

弹出【光源-视口光源模式】对话框，根据"希望执行什么操作"提示信息，单击【关闭默认光源（建议）】选项，如图所示。

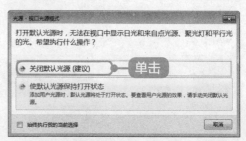

3 确定光源位置

返回到绘图区，根据命令行提示"POINTLIGHT 指定源位置"信息，在合适位置单击鼠标左键，如图所示。

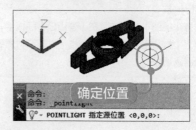

4 选择移动面第二点

在键盘上按下【Enter】键退出创建点光源命令，通过以上步骤即可完成设置光源的操作，如图所示。

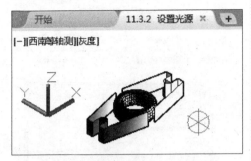

提示

为了便于观察自定义的灯光效果，通常在第一次创建光源时，会弹出【光源-视口光源模式】对话框，这里要选择【关闭默认光源（建议）】选项，主要的作用是关闭系统默认的灯光。

11.3.3 设置贴图

在 AutoCAD 2016 中文版中，使用贴图功能可以让材质更加生动、逼真，下面介绍设置贴图的操作方法。

1 调用平面贴图命令

新建 AutoCAD 空白文档并绘制长方体，在【三维建模】空间中，在【功能区】中，选择【可视化】选项卡，在【材质】面板中，选择【材质贴图】下拉菜单中的【平面】菜单项，如图所示。

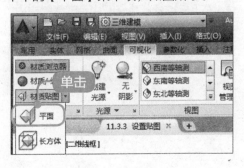

2 弹出视口光源模式对话框

返回到绘图区，根据命令行提示"MATERIALMAP选择面或对象"信息，选择要设置贴图的实体图形，在键盘上按下【Enter】键，如图所示。

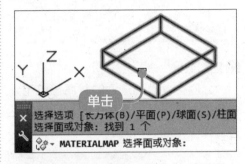

3 完成设置贴图操作

根据命令行提示"MATERIALMAP接受贴图"信息，按下键盘上的【Enter】键退出平面贴图命令，这样即可完成设置贴图的操作，如图所示。

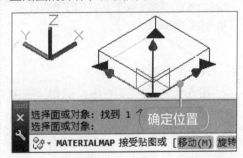

4 选择贴图类型

选中设置贴图的实体对象，在【材质浏览器】选项板中，使用鼠标右击材质，在弹出的快捷菜单中，选择【指定给当前选择】菜单项，如图所示。

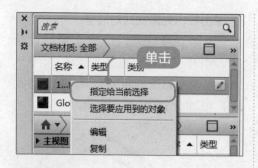

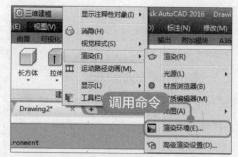

5 贴图效果

此时可以看到选中的材质已应用到三维实体图形上，这样即可完成设置贴图的操作，如图所示。

> 📢 **提示**
>
> 在菜单栏中，选择【视图】➤【渲染】➤【贴图】菜单项，在【贴图】子菜单中，也可以调用相应的贴图命令。

11.3.4 渲染环境

在 AutoCAD 2016 中文版中，在渲染图形时，首先需要对渲染环境进行设置，例如，设置曝光、旋转等相关参数，下面介绍设置渲染环境的操作方法。

在菜单栏中，选择【视图】菜单，在弹出的下拉菜单中，选择【渲染】➤【渲染环境】菜单项，打开【渲染环境和曝光】选项板，分别在【环境】与【曝光】区域中设置相应的参数，即可完成设置渲染环境的操作，如下图所示。

> 📢 **提示**
>
> 在【功能区】中，选择【可视化】选项卡，在【渲染】面板中的下拉列表中，单击【渲染环境和曝光】按钮，也可以调用渲染环境命令。

11.3.5 使用三维动态观察器观察实体

在 AutoCAD 2016 中，可以使用三维动态观察器观察实体，具体操作如下。

1 调用动态观察命令

新建 AutoCAD 空白文档并绘制实体，在【三维建模】空间中，在菜单栏中，选择【视图】菜单，在弹出的下拉菜单中，选择【动态观察】➤【自由动态观察】菜单项，如图所示。

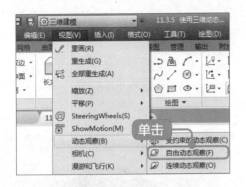

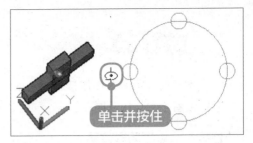

2 完成使用三维动态观察器的操作

在绘图窗口中显示导航球，单击并按住向某一方向拖动，即可完成使用三维动态观察器的操作，如图所示。

在掌握了材质与渲染方面的知识后，即可为绘制出的三维实体模型添加材质或贴图，使得图形更加逼真、美观，如下图所示。

本节将介绍多个操作技巧，包括设置阴影效果和渲染效果图的具体方法，帮助读者学习与快速提高。

技巧 1 ● 设置阴影效果

在 AutoCAD 2016 中文版中，除了可以为图形设置光源，还可以为所绘制的实体模型设置阴影效果，下面介绍具体的操作方法。

1 调用阴影命令

新建 AutoCAD 空白文档并绘制三维实体图形，在【三维建模】空间中，在【功能区】中，选择【可视化】选项卡，在【光源】面板中，选择【阴影】下拉菜单中的【地面 阴影】菜单项，如图所示。

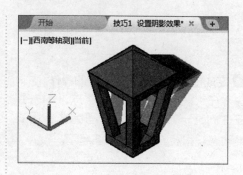

> **提示**
>
> 在【可视化】选项卡的【光源】面板中，选择【阴影】下拉菜单中的【无 阴影】菜单项，可以将已添加的阴影效果进行删除，恢复为无阴影效果的状态。
>
> 阴影效果只有在开启【阳光状态】功能时才会显示，如下图所示。

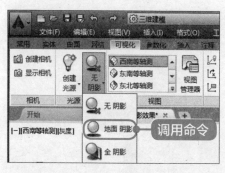

2 阴影效果

返回到绘图区，可以看到绘图窗口中的模型已显示阴影效果，通过以上步骤即可完成设置阴影效果的操作，如图所示。

技巧 2 ● 渲染效果图

在 AutoCAD 2016 中文版中，渲染是比较高级的三维效果处理方式，渲染的目标是创建一个可以表达图形真实感的演示质量图像。渲染参数通过【高级渲染设置】选项板进行设置，下面介绍渲染效果图的操作方法。

1 调用渲染命令

打开"技巧 2 渲染效果图.

dwg" 素材文件，在【三维建模】空间中，在菜单栏中，选择【视图】菜单，在弹出的下拉菜单中，选择【渲染】➤【渲染】菜单项，如图所示。

2 **在不使用中等质量图像库的情况下工作**

弹出【未安装 Autodesk 材质库 - 中等质量图像库】对话框，单击【在不使用中等质量图像库的情况下工作】选项，如图所示。

3 **渲染效果**

在弹出的渲染对话框中，可以看到渲染后的图形效果，这样即可完成渲染图形效果的操作，如图所示。

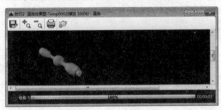

📢 **提示**

在渲染窗口中，单击【放大】按钮，可以查看放大的渲染图像，单击【缩小】按钮，可以查看缩小的渲染图像。

第 12 章

实战案例设计与应用

本章视频教学时间 / 12 分 34 秒

重点导读

本章主要介绍了实战案例的设计与应用方面的知识，分别讲解了建筑设计案例、家具设计案例、电子与电气设计案例及机械设计案例的操作方法。通过本章的学习，读者可以掌握案例设计与应用方面的知识，为深入学习 AutoCAD 2016 奠定基础。

本章主要知识点

✓ 建筑设计案例

✓ 家具设计案例

✓ 电子与电气设计案例

✓ 机械设计案例

12.1 建筑设计案例

本节学习时间 / 3 分 39 秒

在建筑制图中，比较常见的平面图形包括门窗、楼梯、房子外观等，本节将介绍绘制小房子与卧室门的操作方法，帮助读者学习与提高。

12.1.1 绘制小房子

下面介绍运用矩形、直线及偏移等命令绘制小房子的操作方法。

1 调用直线命令

新建 AutoCAD 空白文档，在【草图与注释】空间中，在【功能区】的【默认】选项卡中，在【绘图】面板中，单击【直线】按钮，如图所示。

2 绘制水平直线

开启【正交】功能，在绘图区的空白处，以原点为直线起点，沿水平方向绘制一条长为 900 的直线，如图所示。

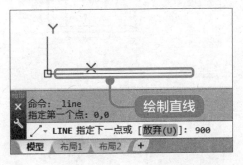

3 绘制辅助直线

再次调用直线命令，开启【对象捕捉】功能，捕捉水平直线的中点，沿垂直方向绘制一条长为 284 的辅助直线，如图所示。

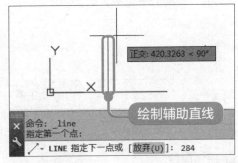

4 绘制直线

再次调用直线命令，连接辅助线顶点与水平直线的两个端点，绘制房子的屋顶，然后删除辅助线，如图所示。

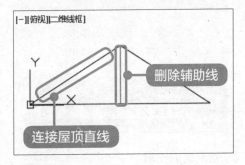

5 调用矩形命令

在【绘图】面板中，单击【矩形】按钮，如图所示。

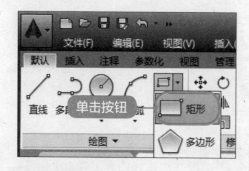

6 绘制房子轮廓

在命令行输入第一个角点的坐标【50，-400】，第二个角点坐标【@800，400】，绘制房子轮廓，如图所示。

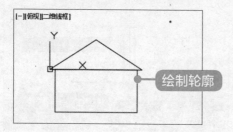

7 绘制窗台

再次调用矩形命令，在命令行输入第一个角点坐标【@184，-10】，另一个角点坐标【@184，10】，绘制窗台，如图所示。

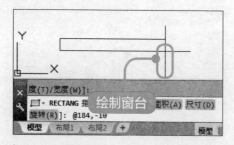

8 绘制窗的轮廓

再次调用矩形命令，在命令行输入第一个角点的坐标【@-10，0】，第二个角点坐标【@-164，-130】，绘制窗户的轮廓，如图所示。

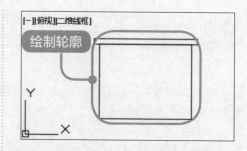

9 镜像上侧窗台

在命令行输入 MIRROR 命令，按【Enter】键，调用镜像命令，镜像上侧窗台，如图所示。

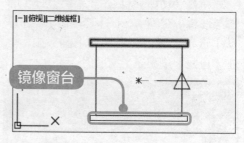

10 偏移矩形

在命令行输入 OFFSET 命令，按【Enter】键，调用偏移命令，设置偏移距离 10，偏移矩形，如图所示。

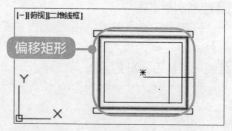

11 绘制窗格

调用直线命令绘制窗格，如图所示。

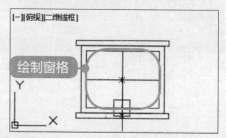

12 偏移矩形

在【块】面板中，单击【创建】按钮🚚，将图形创建为块，如图所示。

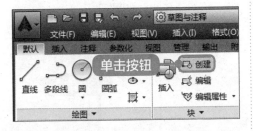

13 插入窗户

在菜单栏中，选择【插入】▷【块】菜单项，将窗户插入到房子的合适位置，如图所示。

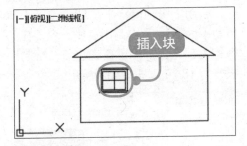

14 镜像窗户

在命令行输入 MIRROR 命令，按【Enter】键，调用镜像命令，镜像窗户，如图所示。

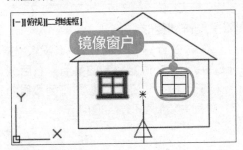

15 绘制简易门

运用直线、偏移命令，绘制一个简易门，如图所示。

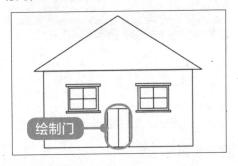

16 填充图案的房子效果

为房顶与墙面填充图案，这样即可完成绘制小房子的操作，如图所示。

📢 提示

在对绘制的窗户创建块时，建议先设置块的插入点，然后再拾取图形，这样在插入块时，可以很好地定义插入的位置。

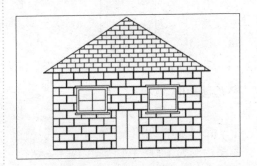

12.1.2 绘制卧室门

下面介绍运用矩形、直线及复制列等命令绘制卧室门的操作方法。

1 调用矩形命令

新建 AutoCAD 空白文档，在【草图与注释】空间中，在【功能区】的【默认】选项卡中，在【绘图】面板中，单击【矩形】按钮▱，如图所示。

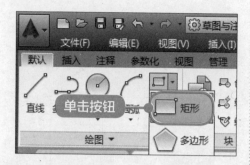

② 绘制矩形门框

在绘图区的空白处，在命令行输入第一个角点的坐标【0，0】，第二个角点坐标【@800，1840】，绘制矩形门框，如图所示。

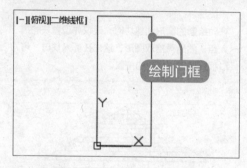

③ 偏移矩形

在命令行输入 OFFSET 命令，按【Enter】键，调用偏移命令，分别设置偏移距离为 100、120，向内偏移矩形，如图所示。

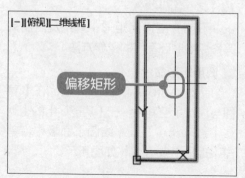

④ 连接角点

在命令行输入直线命令 LINE，按下键盘上的【Enter】键，连接偏移的两个矩形的四个角点，如图所示。

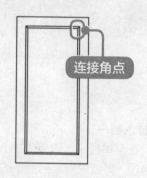

⑤ 绘制菱形装饰

启用【极轴追踪】功能，设置【增量角】为 45，再次调用直线命令，在门框的内部空白处确定直线起点，绘制边长度为 184 的菱形，如图所示。

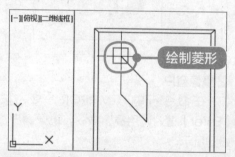

⑥ 复制阵列菱形

在命令行输入复制命令 COPY，按【Enter】键，确定复制的基点，然后激活【阵列（A）】选项，设置阵列数目为3，阵列并复制菱形，如图所示。

复制阵列菱形

7 镜像菱形装饰

在命令行输入 MIRROR 命令，按【Enter】键，调用镜像命令，镜像阵列的菱形，如图所示。

镜像菱形

8 填充图案的门效果

为门绘制把手，并填充绘制的图案，卧室门的绘制完成，如图所示。

12.2 家具设计案例

本节学习时间 / 2 分 59 秒

本节介绍的是家具设计方面的案例，包括衣柜与电脑桌两个案例。下面将分别介绍这两个案例的操作步骤。

12.2.1 绘制衣柜

下面介绍衣柜设计的操作步骤。运用矩形命令绘制衣柜轮廓，使用直线与偏移命令设计衣柜的细节，然后运用圆与圆弧命令为衣柜绘制图案。

1 调用矩形命令

新建 AutoCAD 空白文档，在【草图与注释】空间中，在【功能区】的【默认】选项卡中，在【绘图】面板中，单击【矩形】按钮，如图所示。

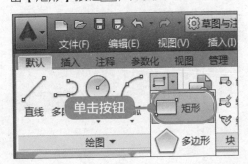

单击按钮

2 绘制矩形门框

在绘图区的空白处，在命令行输入第一个角点的坐标【0，0】，第二个角点坐标【@2000，-40】，绘制矩形，如图所示。

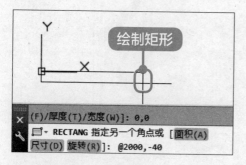

绘制矩形

3 调用直线命令绘制图形

启用【极轴追踪】功能，设置【增量角】为 30，在命令行输入 LINE 命令，按【Enter】键，调用直线命令，在矩形下方绘制图形，斜线与垂直方向为 30，长度为 40，如图所示。

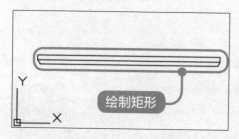

绘制矩形

4 绘制衣柜轮廓

再次调用矩形命令，以斜线与直线的交点为第一个角点，在命令行输入另一个角点坐标【@1960，-2000】，绘制衣柜轮廓，如图所示。

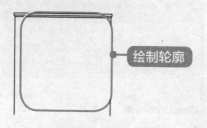

绘制轮廓

5 调用分解命令

在命令行输入 EXPLODE 命令，按【Enter】键调用分解命令，分解矩形，如图所示。

分解矩形

6 偏移与修剪图形

运用偏移与修剪命令，绘制出衣柜两侧的纹路，如图所示。

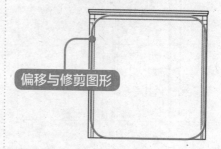

偏移与修剪图形

7 绘制衣柜底部

在命令行输入 MIRROR 命令，按【Enter】键，调用镜像命令，将衣柜的上部镜像复制到底部，如图所示。

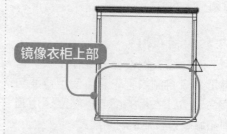

镜像衣柜上部

8 绘制衣柜门

调用偏移命令，设置偏移距离为 768，绘制衣柜水平方向的两条横线，然后设置偏移距离为 450，绘制三条垂直方向的直线，如图所示。

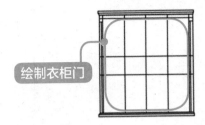

绘制衣柜门

9 绘制衣柜把手

使用修剪命令剪掉多余直线，然后调用矩形与圆命令，绘制衣柜的把手与把手旁的图案，如图所示。

绘制衣柜把手

10 填充图案的衣柜效果

为衣柜填充图案，这样即可完成衣柜设计的操作，如图所示。

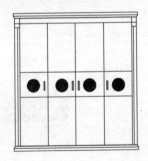

> 📢 提示
>
> 对于衣柜、床头柜及电视柜等家具的设计，还可以运用样条曲线、圆弧等命令，绘制一些好看的图案作为装饰。

12.2.2 绘制立体电脑桌

下面介绍运用矩形、复制、修剪和直线等命令绘制立体电脑桌的操作方法。

1 调用矩形命令

新建 AutoCAD 空白文档，在【草图与注释】空间中，在【功能区】的【默认】选项卡中，在【绘图】面板中，单击【矩形】按钮，如图所示。

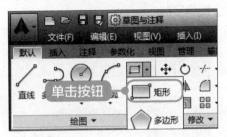

单击按钮

2 绘制桌面

在绘图区的空白处，在命令行输入第一个角点的坐标【0，0】，第二个角点坐标【@1200，-20】，绘制矩形，如图所示。

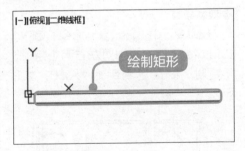

绘制矩形

3 绘制办公桌腿

再次调用矩形命令，在命令行输入第一个角点的坐标【@-20，0】，第二个角点坐标【@-15，-800】，绘制矩形桌腿，如图所示。

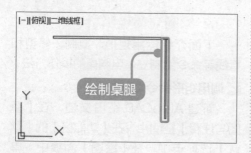

4 镜像复制

在命令行输入 MIRROR 命令，按【Enter】键，调用镜像命令对绘制的桌腿进行镜像复制，如图所示。

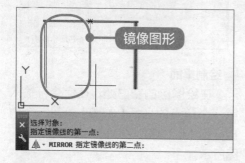

5 复制桌腿

在命令行中，输入复制命令 COPY，按【Enter】键，分别对左右两个矩形进行复制，设置复制距离为 350，如图所示。

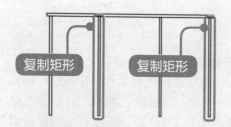

6 偏移与修剪图形

调用矩形命令，以红色点的位置为起点，绘制一个长度为 1160，宽度为 50 的矩形，如图所示。

7 修剪多余直线

在命令行中，输入 TRIM 命令，按【Enter】键，调用修剪命令，修剪多余的直线，如图所示。

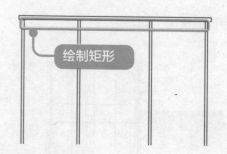

8 绘制右侧抽屉

在命令行中，输入 LINE 命令，按【Enter】键，调用直线命令，开启【正交】功能，输入第一点坐标【@0，-180】，然后绘制一条直线，如图所示。

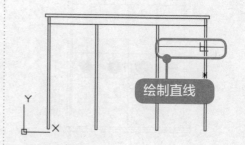

9 绘制左侧抽屉

调用复制命令，复制直线至其他位置，绘制好其他的抽屉，如图所示。

这样即可完成绘制立体电脑桌的操作，如图所示。

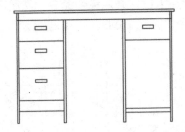

⑩ 立体电脑桌效果

使用矩形与复制命令绘制抽屉把手，

12.3 电子与电气设计案例

本节学习时间 / 1分33秒

AutoCAD 软件的应用非常广泛，在现实生活中，电子与电气的设计都离不开该软件，本节将介绍电子与电气符号的绘制方法。

12.3.1 绘制二极管符号

下面介绍运用直线、多段线及镜像命令绘制二极管符号的操作方法。

① 绘制水平直线

新建 AutoCAD 空白文档，在【草图与注释】空间中，在命令行中输入 LINE 命令并按【Enter】键，调用直线命令，绘制一条水平直线，如图所示。

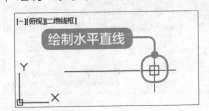

② 绘制垂直直线

再次调用直线命令，绘制一条垂直于水平方向直线的直线，如图所示。

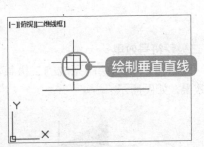

③ 调用多段线命令

在命令行中输入 PLINE 命令，按【Enter】键，调用多段线命令，绘制一条多段线，如图所示。

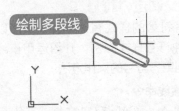

4 绘制矩形

在命令行输入 MIRROR 命令，按【Enter】键，调用镜像命令，然后镜像复制刚才所绘制的图形，如图所示。

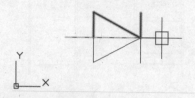

5 为图形填充图案

为绘制的图形填充图案，以及设置线宽，如图所示。

6 二极管符号效果

此时可以看到绘制完成的二极管符号效果，如图所示。

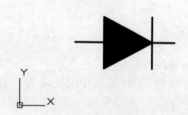

12.3.2 绘制电容符号

电容符号的样式有很多种，下面以其中一种符号样式为例，介绍运用直线命令绘制电容符号的操作方法。

1 调用直线命令

新建 AutoCAD 空白文档，在【草图与注释】空间中，在命令行中输入 LINE 命令并按【Enter】键，调用直线命令，绘制两条相互垂直的直线，长度分别为 5 和 6，如图所示。

2 镜像图形

在命令行输入 MIRROR 命令，按【Enter】键，调用镜像命令，然后镜像复制刚才所绘制的图形，如图所示。

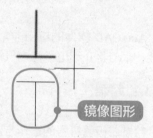

3 创建块

选择【常用】选项卡，在【块】面板中，单击【创建】按钮，将绘制的电容符号转换为块，如图所示。

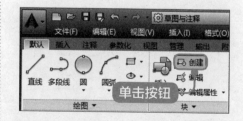

4 电容符号效果

通过在菜单栏中选择【插入】▶【块】菜单项，来调用绘制的块，绘制电容符号操作完成，如图所示。

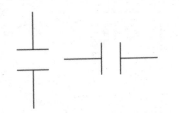

提示

在设计电子与电气元件时，建议将经常用到的小元件创建块，以便于以后使用。

12.4 机械设计案例

本节学习时间 / 4分23秒

AutoCAD 软件非常适合绘制机械图形，本节将介绍使用 AutoCAD 2016 中文版绘制机械零件方面的知识与操作技巧。

12.4.1 绘制间歇轮

下面介绍使用直线、圆、阵列与修剪等命令绘制间歇轮的操作方法。

1 绘制直线

新建 AutoCAD 空白文档，在【草图与注释】空间中，在命令行输入 LINE，按【Enter】键，绘制两条长度为 150，且互相垂直的直线，如图所示。

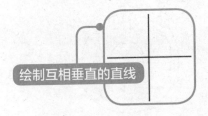

绘制互相垂直的直线

2 绘制圆

在【常用】选项卡的【绘图】面板中，调用【圆心，半径】命令，以两条垂直线的交点为圆心，分别绘制半径为 25、65 和 75 的同心圆，如图所示。

绘制同心圆

3 偏移图形

在命令行输入 OFFSET，按【Enter】键，调用偏移命令，设置偏移距离为 5，将垂直线分别向左和右偏移，如图所示。

偏移直线

4 绘制圆

再次调用【圆心，半径】命令，以半径为 65 的圆的上象限点为圆心，绘制半径为 42 的圆，如图所示。

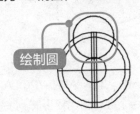

绘制圆

5 旋转直线

在命令行中，输入 ROTATE 命令，按【Enter】键，调用旋转命令，设置旋转角度为 45，以两条直线交点为旋转基点，旋转直线，如图所示。

6 绘制圆

再次调用【圆心，半径】命令，以旋转直线的上端点为圆心，绘制半径为15的圆，如图所示。

7 修剪多余的图形

在命令行中输入 TRIM 命令，按【Enter】键，调用修剪命令，修剪多余的图形，如图所示。

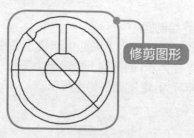

8 阵列图形

在命令行中，输入 ARRAYPOLAR 命令，按【Enter】键，调用环形阵列命令，以两条直线交点为中心点，设置【项目数】为 4，阵列图形，如图所示。

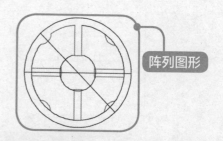

9 修剪多余的图形

再次调用修剪命令，将多余的图形部分剪掉，如图所示。

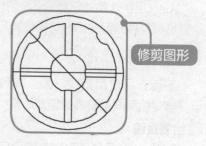

10 间歇轮效果

删除绘制的两条直线，这样即可完成绘制间歇轮的操作，如图所示。

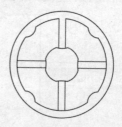

> **🔊 提示**
>
> 在绘制图形时，开启【正交】与【对象捕捉】功能，可以快速准确地捕捉到图形上的点，从而大大提高工作效率。

12.4.2 绘制三维连接盘

下面介绍在三维建模空间中，运用布尔运算、圆柱体及长方体等命令，绘制三维连接盘的操作步骤。

1 绘制圆柱体

新建 AutoCAD 空白文档，在【三维建模】空间中，在【西南等轴测】视图中，在菜单栏中，选择【绘图】▶【建模】▶【圆柱体】菜单项，如图所示。

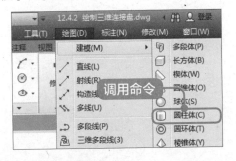

2 绘制圆柱体

以坐标原点【0，0，0】为中心点，绘制一个半径为 100，高为 20 的圆柱体，如图所示。

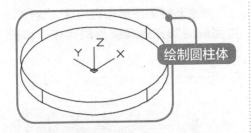

3 绘制小圆柱体

再次调用圆柱体命令，以坐标点【0，0，-5】为中心点，绘制半径分别为 25 和 35，高都为 30 的圆柱体，如图所示。

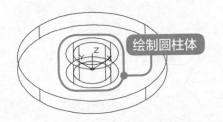

4 绘制长方体

在命令行输入 BOX 命令，按【Enter】键，调用长方体命令，以坐标点【-25，0，10】为中心点，绘制长为 10、宽为 15、高为 30 的长方体，如图所示。

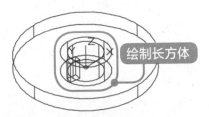

5 对圆柱进行并集运算

在【常用】选项卡的【实体编辑】面板中，调用并集命令，对半径为 35、100 的两个圆柱体进行并集运算，如图所示。

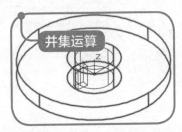

6 差集运算

在【常用】选项卡的【实体编辑】面板中调用差集命令，从并集得到的图形中，减去半径为 25 的圆柱体和长方体，如图所示。

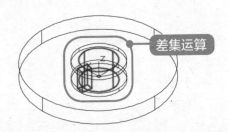

7 绘制圆柱体

再次调用圆柱体命令，以坐标点【45，45，-5】为中心点，绘制半径为15，高度为30的圆柱体，如图所示。

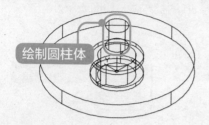

绘制圆柱体

8 绘制长方体

再次调用长方体命令，以坐标点【45，45，10】为中心点，绘制长为10、宽为10、高为30的长方体，如图所示。

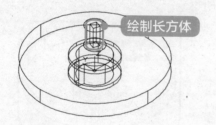

绘制长方体

9 并集运算

再次调用并集命令，将半径为15的圆柱体与上一次差集运算后的图形进行并集运算，如图所示。

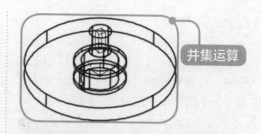

并集运算

10 差集运算

再次调用差集命令，对图形与长方体进行差集运算，如图所示。

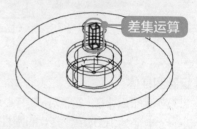

差集运算

11 三维连接盘效果

对绘制好的图形进行消隐，这样即可完成绘制三维连接盘的操作，如图所示。

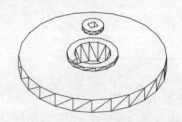